有的是一步一脚印的人生体悟

锤一火星的苦炼精髓。

人只活一次，活就该活得有价值，
那就是为社会、为人类做出应有的贡献。

入 藏 证 书

朱君其先生:

　　您捐赠的　著作《心语人生》　　　　　　　　已由我馆珍藏.将传之永世.

感谢您为丰富我馆馆藏.为中国文学千秋事业所作的贡献.

　　特立此状.以为纪念.

中国现代文学馆

2012年 02月 1日

中国现代文学馆

NATIONAL MUSEUM OF MODERN CHINESE LITERATURE

以诚待人
以信接物
以美为利
儒商之道
以成其业也

赠昌其先生

庚寅暮夏
刘坚

刘坚先生为作者题词

刘坚：国务院参事，曾任国务院扶贫办主任、农业部副部长、江苏省副省长，著名书法家。

作者与台湾诗人、作家、柏杨太太张香华女士合影

心語人生

文匯出版社

朱君其／著

这里有的是一步一脚印的人生体悟和一锤一火星的苦炼精髓。
——张香华（台湾诗人、作家、柏杨太太）

序一

娓娓道心语　殷殷论人生

说朱君其先生的《心语人生》已到"不胫而走"的境地，不免有些夸张。素以平和低调处事的君其先生，会为这个说法而惶恐，甚至可能流出汗来。不过，这样讲，并非空穴来风。有位我们共同的朋友，在所开的宾馆里摆放了一些朱先生的书。初始的目的，不过是供客人闲来翻翻，消遣时光而已。岂料为时不久，朋友便来向朱先生抱怨，说为客人摆放的书籍里，这书被拿走了不少。客气的，还打个招呼。不客气的，干脆就揣走了之了。

朱先生是宽厚的，说："拿走了，我再给你就是。我这儿若没有了，再印就是。"我猜，高山流水遇知音，朱先生不敢说得意，也是欢喜的。当然朱先生有阅历、有涵养，"每临大事有静气"，小小欢喜，安能溢于言表？沉不住气的，倒是我了。孔融说过："珠玉无胫而自至者，以人好之也。"于是我便想赠朱先生一句："心语诉人生，无胫自风靡。"其实，"风靡"，也不是我所喜欢的。在商业时代，"风靡"必定是太强的包装和推广的效果，反倒贬损了这本书的价值。而就这样，默默地放在那里，不声张、不造势，谁喜欢了，谁可以默默地带走；更喜欢了，可以向朋友们推荐。这才是真正的"不胫而走"。这才是气定神闲的朱君其本色，也才是这本书从容不迫、娓娓道来、持重自信、素朴平实的风度所在。

　　然而，即便不能说"不胫而走"，却也已经是一印再印，一版再版了。

　　我和君其先生相见恨晚。2007年2月6日，中国现代文学馆举行的"柏杨先生手稿文献"捐赠入藏仪式上，君其先生应柏杨夫人张香华大姐之邀，前来祝贺。初识君其先生，感到他儒雅、谦和，玉树临风，一表人才。后来我才知道，这是一位成功的实业家，在朱先生所在的城市和省份，他是声名显赫的。而我则因孤陋寡闻而简慢他罢了。一晤之后，朱先生不断有问候传来，言语中总是深怀对文化和文化人的敬重。在工商巨子如日中天、高视阔步的今天，先生的问候越发如空谷足音般亲切了。

相交日深，终于读到君其先生惠赠的《心语人生》。

展读这些浸透着人生体验和感悟的文字，和先生的心意一拍即合了。

在我看来，这些文字之所以难得，是因为它是一个奋斗者历尽坎坷所留下的思想和情感的印记，是丰富的生活经验和人生感悟的升华，是一个精神家园坚守者的自白。在中国，拥有类似阅历的人们或许不在少数，但珍爱着这些精神的印记并坚守这家园的又有多少？而把这珍爱和坚守诉诸笔墨，与我们分享的，还剩几何？作为一个成功的企业家，朱君其以《心语人生》表明自己的坚守，表明自己仍以精神的追求、人格的完善为人生的指归。在"天下熙熙，皆为利来；天下攘攘，皆为利往"的当下，这种境界的自觉，足以令我们倍感鼓舞吧！

在我看来，这些文字之所以难得，是因为它既深深地植根于作者的阅历和经验，又表现为对这阅历和经验的突破和超越。朱君其是传统的，甚至他的行文方式，都不难看到传统的民间叙事的痕迹，但他又是现代的，作为一个企业家，时代的要求、视野的拓展和读书的习惯必然在改变着他的思维方式和表达方式。《心语》的话题涉及社会、历史、经济、文化乃至人格修养、处事哲学等诸多方面。作者时而发感慨，时而说寓言，时而讲故事，时而谈时事。连类古今，纵论中外，显示了直言的胆气、开阔的眼界、丰厚的积累、广泛的阅读和敏捷的思维。表现了他对中国传统文化精神的领会和继承，也展示了他对人类优秀文化成果的吸收和借鉴。正如作者所说，观点是非，尽可讨论。对其中个别见解，我亦不敢苟同，但他这些随笔短论所展现的独立思考的精神、博采众家的热情、坦率直言的风格，应可视为一个农民出身的新型企业家的人格魅力的展示，也足可使我们看到中国新人格的曙光！

在我看来，这些文字之所以难得，还因为它把富于哲理的思考和由衷而发的感想以亲切素朴、深入浅出的方式道将出来。直言不讳，几无修饰，俚语短句，朗朗上口。这些带有乡间特色的语言形态，散发着淳朴的气息。初读之时，犹如听邻家大哥闲叙。渐渐地，会被作者平等平和的处世态度和宽容宽厚的人格修养所感动。话题不免又回到开篇——或许这就是本书一版再版、"不胫而走"的原因——"一语天然万古新,豪华落尽见真纯"(元好问《论诗三十首》),读诗品文,古今亦然,交朋结友,亦莫能外。得遇一位朱君其这样的"邻家大哥",能不请到家去,和他促膝而坐,竟夜长谈吗?

读一读。开卷有益。

是为序。

陈建功

(作者现任全国政协常委,中国作家协会副主席)

2013 年 8 月 10 日

序二
一锤一火星

画家有素人画家，作家自然有素人作家。朱君其先生是成功的企业家，当然不是靠执笔鬻文维生，这本《心语人生》不是富贵人家吟风雪、弄花草的休闲文字，而是从劳动中得到丰硕的成果、苦尽甘来的心血结晶。这里有的是一步一脚印的人生体悟和一锤一火星的苦炼精髓。我称他为素人作家，正因为他的文字朴实无华，内容却真挚诚恳，把自己经营事业的要诀和盘托出，使人读后可以吸收到一个人成就事业必须修炼的功夫。面对着本书，犹如在自己的父兄面前，自然会感染到作者的诚挚，而对自己有一番新的期许。

"老祖母用风炉、砂锅炖鸡慢悠悠，一下午光景，汤和鸡在沸腾中惊心动魄、激情碰撞，慢慢炖出有滋有味的滋养精华，成就多少年来怀想的纯正口味。"而我读完这本书，突然有种感受，这本书的内容不就像这锅慢慢炖出有滋有味、滋养精华的鸡汤？

正如书中所言："学业结束，进入社会，人生的修炼更是一份艰难。"这份修炼，是作者个人多年来看尽世情冷暖、纵横商场丰富阅历、待人处世哲学的心得。通常这份心得都是家传居多，少有外传，若非有良缘，恐难让有缘人求之、得之，所以，这是一本让人获益良多的书。

本书共分四辑，作者用浅显易懂的文字书写，却涵盖着充实丰富的内容，不但有国际局势、国家发展趋势的分析，也有对个人如何设定人生目标、筑梦踏实的指引。既谈人生应有的基本信念，也教你生活上方方面面该注意、该采取的态度，所以这本书有理念，也有执行的方法。简单地说，这本书不但谈创业、经营，也谈人生、处世，尤其强调"创意"在生命中的重要性，我认为这些都是朱君其先生有今日成就的重要元素。

　　"学而优则仕"是古人更上层楼的追求。今天，朱君其先生"商而优则文"，在当今这个物质文明极度发达的社会中，尤其难能可贵。我为这本书的出版庆贺，更为读到这本书的人高兴。

张香华

（作者系台湾诗人、作家、柏杨太太）

自序

本书记录了我对人生、道德、智慧与财富的一些感悟。

人只活一次，活就该活得有价值，那就是为社会、为人类做出应有的贡献。用有限的生命给社会创造无限的价值，这样的人生才更加充实。人来到这个世界上，要有一颗宽容的心，懂得感恩和回报；有识别和整合的能力，有探索世界、改造世界及勇敢无畏的精神；重视人的道德修养和社会价值，堂堂正正做人；必要时，还当学习季羡林先生"假话全不说，真话不全说"的境界。

不管是谁，都希望走一条正确的、适合自己的人生道路。这需要有正确的判断能力和超强的实施能力，把一种时代精神展现给大家，才能启悟他人，与时俱进。我不敢说本书的观点如何正确，只能说，这些都是来自我个人人生实践的总结和感悟，如果读者能从中得到哪怕一点点裨益，就是我最大的快乐了。这正是再版这本书的初衷。

这次修订再版，对初版的目录作了分类，共分为四辑；初版"下篇"改为"附文"。秦豪教授为初版书稿认真地作了一次文字校订，又为本书写书评。本书出版后得到许多海内外读者的支持，更是受到原中国现代文学馆副馆长周明先生的认可。在此对他们一并表示衷心的感谢。

朱君其

2010 年 10 月于张家港

目　录

第一辑　国家与社会发展

第二辑　企业发展与管理

第三辑　处世与为人

第四辑　道德与修养

附文

第一辑　国家与社会发展

天下兴亡，匹夫有责。

——顾炎武

古今国势，必先富而后能强，尤必富在民生，而国本乃益可固。

——李鸿章

中国的发展要靠自主创新

一流企业卖专利，二流企业卖产品，三流企业卖苦力。这句话道出了当今企业的生存现状与分野。缺乏自主创新，向来是中国企业的软肋。在仅靠技术模仿与出售廉价劳动力即可获益的过去，这软肋还不明显；近年来国际与国内市场的变化，使得这一软肋渐渐暴露出来。提高自主创新能力，促进经济转型，已成为中国经济发展必须面对的问题。

以科学发展观推进自主创新，无疑是当今中国经济发展突破瓶颈的一剂良方，有点穴疗疾之精，平衡阴阳之效。中国如果不加快自主创新的步伐，将会严重影响中国特色社会主义现代化发展的进程。科学发展观为中国特色的自主创新之路提供了理论基础，还需通过制度改革，为自主创新提供环境。如不思改革，制度将会落后于客观环境的变化。制度都是社会特定阶段的产物，随着客观环境的变化，制度的变革不可避免，任何制度如果不能随时代发展及时改革，久而久之就会被时代潮流所抛弃。所以改革是理性的选择，科学发展观和自主创新是理智的表现。

我国技术落后，过去为解决这个问题，采取的方法是用我国的市场换外国的先进技术。结果是他们要我们的市场却不给我们先进技术，而且用技术来卡我们的脖子。外商中曾流行一种说法：“去中国投资不是风险，而错过投资中国可能是最大的风险。”老外是过来人，懂得通过自主创新获得发展的道理。他们是我们的一面镜子，从他们的态度中，我们应该加大自主创新的力度。

寄养的儿子终究是要走的。自己的儿子白天离家出走，晚上还得回来。孩子毕竟是自家的亲，别人家的孩子再聪明也不会把你当父母。中国的发展要有忧患意识。外资是过路客，当在中国发展的成本增高，红利不断下降时，他们就会加快过路时的步伐。外资的出走，已告诉了我们外资在中国办企业完全是为了赚钱，赚不到预期的利润，他们就远走高飞，腿是长在人家身上的。

众志成城才能强内御外，没有自主创新价值观指导的市

场经济会成为软骨经济。中国如果没有改革开放的市场经济，今天就不能跃上世界第二大经济体宝座。国家的持续发展最终是要靠国内的企业家来完成的。整个社会的进步，企业起着十分重大的，而且是不可替代的作用。社会的财富是全社会劳动者创造出来的，中国少的是成功的企业家。政府应该用更大的力度支持国内有能力、有胆识的企业家来承担起社会责任。社会发展，人才是决定因素，留住人才也是艰难的考题。留住人才，留住钱，但必须先留住心，才能把国家财富留住。我们应该进一步完善市场经济，让资源的获取变得更公平。我们的制度要让不公平变得公平，让不安全变得更安全，这样国民才有安全感与归宿感。用科学发展观作指导，坚持自主创新，促进中国更快发展，民富国强、国泰民安。

继续解放思想，坚持实事求是，中国的企业家一定会为自己的民族尊严开拓出一片新天地。

精神与物欲

多数人到了年迈的时候才能体会到健康长寿比荣华富贵更重要，精神的满足比物欲的追逐更重要。

人的一生，是由物质生活和精神生活结合在一起的。有灵魂、有精神、有兴趣的境界是人类生存的最高境界，有灵魂、有精神、有兴趣的快乐是人性愉悦、身心没有压抑的快乐，包括智性、情感和信仰的快乐，这是人的高级属性得到满足的快乐。物欲满足也是一种快乐，但与生命的快乐比，它太浅；与精神的快乐比，它太低。

人世间的争夺，往往集中在物质财富的追求上。其实，幸福感和物质财富的增长往往并不成正比，在保证基本生活之后，物质财富多一些自然好，少一些也没什么。可人性的缺陷就是不知满足。国与国之间，人与人之间，从三国争霸到希特勒的独裁政权，几千年来的穷兵黩武，均是源于物质

的争夺、欲望的膨胀。

对精神财富的追求，人与人之间不存在冲突。一个人精神上的富有绝不会导致另一个人精神的贫穷。由此可见，人世间的东西，有一半是要争夺的，另一半是不需要争夺的。

对个人来说，对物质不要过分苛求，不要有太多的奢望，该是你的躲也躲不过，不是你的求也求不来。我们又何必费尽心思、绞尽脑汁地去占有不属于自己的虚幻的东西呢？金钱、权力、名誉都不是最重要的，最重要的是善待自己、宽容别人。就算拥有了全世界，随着死去也会烟消云散。古人云："万里长城今犹在，不见当年秦始皇。"

好景不常在，好花不常开，人生短暂，时光如箭。人生应看三座山：井冈山、普陀山、八宝山。——奋斗之后，理当淡泊，最后回归自然。退一步海阔天空，忍一事风平浪静。"牢骚太盛防断肠，风物长宜放眼量。"快乐的、有灵魂的精神境界才能让我们人生的每个季节都阳光灿烂，鲜艳夺目。

人只有一辈子，没有来世。所以，让我们从和谐的微笑开始！精神比物欲更重要。既要拥有健康的心态、又要拥有强健的体魄，在快乐的心境中做自己喜欢的事情，爱自己爱的人，实现社会价值和自身价值。

底蕴

底蕴指深藏的内涵、基础和根本。一个人、一个民族、一个国家，其广度、深度和高度，乃至地位、话语权与掌控权，往往都由其底蕴来决定。

底蕴是科学发展观的基础。建立一个有强大实力的国家首先要培养好公民文化素养。培养好公民文化素养要靠好的教育，好的教育才能培育出具有国际化视野的卓越思想家，来指引国民航向。

而我们当下的教育，却流于实用主义和功利主义，只灌输知识，不提倡思考，更不培育思想。请看这样一组数据：2011年，中国人均图书阅读量是4.3本，韩国是10本，俄罗斯超过20本，以色列60本左右。巴西为了鼓励阅读，甚至规定监狱犯人读一本书可减刑4天，一年最多可减48天。中国

人的平均阅读量显然偏低。缺乏阅读的后果是国民综合素质与整体思考能力不高。底蕴不足，容易导致只有小聪明，没有大智慧。低头需要勇气，抬头需要实力，能勇于承认自己的落后才能奋发向前。

一个国家要在世界上有话语权，除了强盛的国力，还要有足以影响世界的卓越的思想家。而我们今天能输出的只有制造业的产品，没有杰出的思想和精神。国家要设计好的制度留住国内精英，让他们有归属感，充分重用人才，肯定他们的地位，并且把国外的精英吸引到中国来，那时我们国家才能真正成为世界的强国。人才比财富更重要，财富可以不断创造，人才是不可复制的。财富的价值取决于人才的价值，这才叫真正的底蕴。人类发展是物质奢侈到精神奢侈，是由富变贵的过程写真。思路才能决定出路，观念可以改变命运。具有先进的思想道德、深厚的文化素养的公民，才是一个国家的软实力。中国要真正从一个发展中国家迈向发达国家，不仅需要经济、科技的发展，更需要政治、文化的进步以及底蕴的提升。

要提升底蕴，首先，要改革教育，打破僵化的思想，培养具有全球化视野和国际化思维的人才；其次，建立多元的文化思想，让各种思想百花齐放、百家争鸣。开拓思维，鼓励学生在真理面前争辩，挑战权威，解开束缚，获得思想的自由。年轻人在学术上要培养追求真理的志向和独立、自由思考的能力，认识世界，探索世界，并推动社会的发展。

有深厚的底蕴，才有了创新的文化基础，才能产生好的社会制度；有好的社会制度，才能产生社会兴趣；有好的社会兴趣，才能产生人的灵感；有灵感，才有创造力；有创新，先进科技才能发展；有先进科技，祖国才能昌盛；国家昌盛，百姓才有安全感；有安全感，人民的幸福指数才能提高。

世界上重大的科技发明与创新，往往是由好的制度及文化底蕴作支撑的。没有好的制度，没有文化底蕴，创新的基础就会坍塌。创新的主体是有胆识的科学家和企业家，如果一个国家的科学家与企业家对自己的国家没有归属感，他们就不可能有长期的研发计划。因为创新的成本太高，风险太大。研发需要长期投入，技术优势需要长时间的积累。当新产品推向市场就被抄袭仿制，山寨版泛滥成灾，创新不能带来经济效益，以后谁还愿意投资研发呢？所以对知识产权的保护很重要，哪个国家的法律制度把知识产权保护得好，哪个国家的创新就处于世界领先地位。要想更快地推动中国科技创新

和经济发展，政府和社会一定要让科技人才和社会上的知识精英、企业精英有安全感、有责任感，去激励他们，而不是打击他们，让他们有足够的生存空间，让他们为社会创造更多的财富，解决更多的就业，他们就可以保持足够的创新动力，这样才能实现民富国强。培养好国民的综合素质与文化底蕴，设计好的社会制度来推动提升人民好的兴趣，更多的诺贝尔奖就不再是遥远的梦想。文化底蕴的软实力，才是提高人民幸福指数的硬实力。

机遇与挑战

机遇来源于新生事物的出现，而新事物因为新，所以90%以上的人还不知道、不认识。等90%的人知道了那就不再是新事物了。

新事物刚产生，多数人不认识时，对少数创业者来说叫"机遇"，大部分认可时叫"行业"，永远不认可的叫"消费者"。

有机遇就有挑战。大多数人难以辨识机遇，更不知如何抓住机遇，对所有面对机遇的人来说，这本身是一个挑战。由于新事物之新，它带来的前景是未知的，它带来的困难也是未知的。没有先例，需要创造，这是又一个挑战。机遇永远伴随着挑战，面对机遇，既要有眼光，又需要勇气和智慧。无论个人还是国家，都是如此。

一个只会创造财富却留不住财富的国家，不可能成为真正的强国。好的国家，好的社会，应当让法律和市场高于一切组织和个人，让每一个人都有平等的机遇，平等地面对挑战，追逐梦想。

　　近水知鱼性，近山识鸟音。第一批下海经商的人——富了，第一批买原始股的人——富了，第一批买地皮的人——富了。财富的获得源于他们敢于在大多数人还犹豫不决的时候就做出了实际行动，先行一步，抢得商机，占领市场的制高点。当前我国正处在对外要接轨、对内要立规的新阶段，这对陷入无序竞争的中国企业而言，显然既是机遇又是挑战。

生存与尊严

平静的湖面只有孤单的倒影，奔腾的激流才会扬起美丽的浪花。如果人生如水，那么，生存就如同一潭静水，而尊严则如同水中的美丽风景，要生存得有尊严、有意义，就要让生命之水奔流不息。

生存是一个人生命延续的过程。尊严是被尊重的权利。人要有尊严地活着，就要对社会、人类多做贡献，不依赖他人的施舍而生存。对个人和国家来说，尊严都不可或缺。贫穷就会受气，落后就要挨打。当我们走到低谷时，只要努力，冲破了黑暗和极限，明天阳光会更加灿烂。今天拥有的是昨天失去的，失而复得，我们更要珍惜。

社会主义市场经济讲求效率与公平，就是让人们的收入与他们为社会做出的贡献相对应。我们不愿看到只有勤劳的

人在奋勇拼搏，创造社会财富，而另一部分人却无所事事，心安理得地消耗社会财富，更不愿看到有劳动能力又有就业条件的人躺在社会保障上而放弃在竞争中生存。

这种被动的行为，这种道德的愚行，这种意志的脆弱，这种姑息的作风，只会让更多人失去尊严，甚至丧失生存的条件。如果人们都不能为了自己而奋发努力，没有一颗感恩的心，你又怎么能期待他们为别人真诚地服务呢？

不要问国家为你做了什么，而要问你为国家做了些什么。先为成功的人工作，再与成功的人合作，最后让成功的人为你工作。国家和社会在优胜劣汰中发展。在改革开放过程中，有些人因这样那样的原因而失去了工作，这是不幸的，但正像西方一句谚语所说的那样："上帝为你关上了一扇门，必定在另一个地方开启一扇窗。"下岗待业失业的人，依靠自己的聪明才智和国家优惠政策的支持，也能干出一番自己的事业。那些不想干、不敢干的人，既没有能力指挥他人，也没有勇气接受他人的指挥，是自己放弃了尊严。吃大锅饭只能培养懒汉，高福利也将培养出"更高水平"的懒汉。其结果只会阻碍经济发展和社会进步，因为它违背了劳动价值论和社会发展规律。以道德代替经济规律必然会受到惩罚。小学课本里有一篇文章《寒号鸟》，每天晚上寒号鸟都会重复自己的誓言："哆啰啰，寒风冻死我，明天就垒窝。"可是第二天太阳出来以后，寒号鸟感觉到了太阳的温暖，就将垒窝的事情抛到了九霄云外。终于在一个寒冷的夜晚，寒号鸟在重复自己誓言的过程中冻死了。懒惰使人失去尊严，甚至失去生存的基础。人的一生就是要为自己的生存和尊严而努力。

诸葛亮在临终前，给自己的儿子诸葛瞻留下了一封家书，这封家书被后人视为修身励志的必读之作，这就是名扬四海的《诫子书》：

夫君子之行，静以修身，俭以养德。非淡泊无以明志，非宁静无以致远。夫学须静也，才须学也，非学无以广才，非志无以成学。怠慢则不能研精，险躁则不能理性。年与时驰，意与日去，遂成枯落，多不接世，悲守穷庐，将复何及也！

诸葛亮用简练而睿智的话语诉说了对儿子诸葛瞻修炼高贵品质、早日功成名就的殷切希望。

成功者和勤劳者往往都承受过巨大的压力，他们用坚强的意志和顽强的毅力，奋勇拼搏，自强不息，终于取得了成功。

他们摆脱了贫困，实现了温饱，走上小康，走向富裕，从根本上改善了自己的生存和发展的条件。穷光荣的时代早已一去不复返了，成功者和勤劳者并不是贪婪者、专横者。穷人通过自己的努力可以发家致富，摆脱苦难。千里之行，始于足下，苦心人天不负，有志者事竟成。

人不怕生活上的贫困，怕的是精神上的潦倒。没有和谐的心态，没有振奋向上的精神，没有财富的创造，我们何以能振兴中华？该执着的永不怨悔，该舍去的永不牵挂，该珍惜的永不丢弃，在生存的道路上绝无一人能陪你走至终点，路必须靠自己走下去！不但要知道自己的生命坐标，而且还要知道自己的生命轨迹。人生重要的是生命和尊严，生命的重要性胜过金钱，尊严的重要性胜过生命。

我们要面对现实，不抱怨，不放弃。不仅要为生存而努力，还要为尊严而奋发，才能获得和谐美好的生活，才能无怨无悔地度过一生。

制度决定出路

实践出真知，制度生力量。

邓小平的改革开放实践已经证明，社会主义市场经济体制取代计划经济体制，使中国人民从"站起来了"的时代发展到摆脱贫困、发家致富的时代。制度的变革改变了中国穷困的命运。社会主义市场经济使我国从贫困、贫穷变得富裕、富强。竞争是动力，勤劳是源泉，创新是关键，发展才是硬道理。"富不过三代"的古话告诉我们，"坐吃"只能导致"山空"。在党的领导下，一批成功者和勤劳者带头促进中国快速、稳定、健康发展，他们的艰辛路途成就了中国今天的辉煌，他们引导各个阶层一起和谐地走向未来，并为深化改革而探索前行。

中国社会的传统观念是"枪打出头鸟"，"不患寡而患不均"。以中庸为至善，歧视和压制少数的先行者，所以中国出

不了比尔·盖茨、巴菲特，如同沙漠里种不成庄稼一样，这是由于土壤和气候不适应，与种子本身无关。

鱼与熊掌不可兼得，均平世界不能解决问题，只能加深社会矛盾，计划经济也不可能产生比尔·盖茨与巴菲特。收入一旦平均分配，"比尔·盖茨"、"巴菲特"立即会失去冒险精神和物质利益的激励。西方发达国家，如美国、英国、法国、意大利等高福利国家，从次贷危机到现在，经济一直处于长期衰退的状态。这暴露了高福利制度的弱点。在遇到经济危机时，高福利不但不能推动社会发展，而且会造成恶性循环。高福利将民众的胃口吊高，养成"高福利依赖症"，不少失业者甘于靠救济金生活，而国家为了维持高福利，也难以拿出更多的资金用于经济增长。从辩证的角度看，坏事往往会变成好事，好事往往也会变成坏事，好的制度才是决定出路的根本。

改革开放，邓小平提出让"一部分人先富起来"，强调勤劳致富、合法经营致富。社会不再怕富、仇富，不再以穷为光荣，勤劳致富和合法经营致富不再被认为是走资本主义道路。私人产权得到了法律的保护，价值创造者的地位越来越高。发展才是硬道理，发展不仅仅是经济的发展，也包括制度的发展。只有推进政治改革，发展民主制度，完善宪政，保障市场的正常运转，中国的"比尔·盖茨"和"巴菲特"才会涌现出来。他们不仅会给社会带来更多的新产品、新技术、新模式和新思维，而且也将以比尔·盖茨、巴菲特为榜样，解决就业，热衷慈善，回馈社会。民富才会国强，制度变革必将使中国和平崛起。

制度决定出路，这是历史和现实告诉我们的。

潜规则给社会带来了什么?

潜规则就像一条蛀虫,快乐地腐蚀着人类社会。人们为遮羞而发明了衣服,又因为时尚而脱掉衣服。

潜规则往往是指某种权权交易、权钱交易、权色交易。那些已被揭露的黑幕让我们惊讶地发现,几乎各行各业都存在潜规则。卖肉有肉霸,公交上有路霸,官、商、黑勾结,各有各霸。中央制度时时刷新,地方势力都时时阻隔。

为钱而钱使人六亲不认,为权而权使人胆大妄为,为名而名使人巧取豪夺。潜规则会使社会失真,也会使社会失衡,更会导致大气候虚拟错觉,扭曲人们的思维方式,导致拉帮结派、结党营私,结成了强大关系网,窒息国家发展机制结构,导致中央的决策层在百姓中处于绝缘地位。

中国不缺乏制定游戏规则的人才,也不缺乏规则,缺乏的是执行游戏规则的保障。制定规则的人不执行规则，导致明规则和潜规则双规运行。潜规则损害的不仅是社会的公平、公正及正义，而且还打击和扼杀了一个国家、民族的创新精神和创造能力，更加可怕的是它打破了人与人之间的正常信任、社会秩序和国法规则下的和谐平衡，为社会埋下祸根。它像一只无形的毒手，摧残了人心，在无穷的内讧中消耗掉不该消耗的精力和财力。

国家是自己的家园，每个人都是这个国家的主人，都要来呵护这个国家。如果各阶层自行其道，任何人都不能独善其身。国家与个人的关系是唇齿相依，唇亡齿寒。一个没有健全法制的国家是一个没有希望的国家，一个没有公平、正义、民主的国家就没有未来。我们要依靠法制、尊重法制。法制进步意味着对公平的尊重，对强弱态势的平衡。经济学家吴敬琏说："现代市场经济不应该只有一个完整的市场体系，而且市场的游戏规则应当清晰透明，市场经济需要其他制度的支撑，政府的行为和私人行为同样都要受到法律的约束。"通往开悟之路只有一条，那就是正路；人的生活方式只应有一种，那就是坚守美德。

任何人都有权得到财富和地位，但是应取之有道，否则

就是破坏和谐社会的犯罪。夜路走多了，总有一天会碰到鬼。透明度是活埋社会和经济问题弊病的最佳药品，阳光制度是最佳的防腐剂。远离潜规则，取缔潜规则是当务之急。如果让潜规则发酵泛滥，它将会给我们国家带来像海啸一样的灾难。

和谐

　　贫穷是不会和谐的，民富国强才会和谐。"禾"，其本意是谷子，指粮食，有粮食了也就是说人人有田种；"禾"旁有"口"就是说人人有饭吃；"谐"就是人人"皆"有发"言"权，可以畅所欲言。这样的社会才是和谐社会。

　　朋友可敬而不可诌，冤家宜解不宜结。和谐社会要从和谐社区开始，和谐社区要从和谐家庭开始，和谐家庭要从家庭成员的个人道德品质开始。

　　提高中国国民素质，振奋中华民族精神，是和谐社会的基础。和谐是凝聚在灵魂中的宽容和平和；和谐是保留在头脑中的智慧和理性；和谐是人们充分享受阳光和雨露；和谐是人们追求的一种目标和前进的方向；和谐是一种淋漓尽致的生活态度，一种祥和的心境、心灵的默契，一份能感受却

难以描述的美好。和谐更是每个人应承担的一种社会责任。

不仅自己快乐，帮助别人更为快乐，这才叫真正的和谐社会。

领导的魅力

将相不和，国必有祸。在历史的进程中，强大自有强大的缘由，弱小自有弱小的原因。领导人的作为、决策，在一定程度上决定了一个集体、一个国家的兴衰。

强人才能强国，强人才能强政，强人才能强企。强人有强大的人格魅力和正确的定位坐标。只有国家强大，民众才有安全感；只有企业强大，员工才有归属感。领导者就是领导大家不断改造自己，把不可能变成可能。领导单靠亲民、让人感动的短期行为是不够的，还要靠法律和制度，以法治国，以制度管理企业。只有健全制度，发展经济，提高生活水平，重视教育和道德建设，树立正气，分清是非，稳定人心，上下和谐，全国人民才会万众一心，义无反顾地报效国家。这样才能国泰民安，让中国屹立于世界强国之林。

将军赶路，不追小兔。分清主次矛盾，抓住工作重点，这才是真正的领导魅力。做官一阵子，做人才是一辈子。领导的魅力大致有三种，即权力魅力、能力魅力和人格魅力。其中，只有人格魅力是经久不衰的，就像金子永远是发光的。一个领导者，需要给人以安全感；一个领导者，必须有社会责任心；一个领导者，还需要有较高的智商、情商和雍容大度的气魄。在政治家手中，权力才能发挥良好的作用；在政客手中，权力则会变成谋利的工具，遭殃的就是老百姓。只有好人才能成为好官，不能只有外壳，没有灵魂。奥威尔预言：如果一个人惯于说套话，他付出的代价就是一次一次地放弃自我表达，他先是简化自己的言论，而后导致思想的退化，最后是个性化的表达能力丧失殆尽。

　　一个有领导能力的人，首先不是用权力去压服别人，而是要用个人的人格魅力来影响人们。要想成为市场的赢家，必须使自己成为同行和客户中的智者。除了善于认定拐点的前瞻意识与战略眼光，企业领导的魅力还包括韧性、善于把握企业文化及资源配置的种种惯性，有韧性的领导也是有弹性的领导。世界是平的，更是弯的，非凡的领导，能预见平静背后的隐患，能预见未来。他总是有不遗余力地规划及准备应对"冬天"到来的生存能力。"好花偏逢三更雨，明月忽来万里云。"华尔街瞬间瓦解，虚拟经济持续塌陷，财富蒸发而萎缩，实体经济开始疲弱。美国次贷危机影响全球，如何在这次"海啸"中突围，决定了企业在"冬天"中能否活下来。

领导之所以是领导，不仅仅在于股权的多少或权力的大小，而在于其具有一套超越常规经营管理之上的思维方式。这才是真正的领导魅力。

心智模式

心智模式是怎样的，你的人生就是怎样的。我们常说，心态决定成败。心态是心智模式的具体表现，在每一种心态背后，都有深层的心智模式。

"万里浮云遮天日，人间处处有余光。"一个心态不好的人，再聪明有时也会"聪明反被聪明误"；一个心态不好的团队，肯定不是好的团队。常看海听涛才能增度量，时寻梅赏竹才能长精神。改变心态，改变看待问题的方式，能让你拨云见日，发现一片新天地，从而走出心理的困境。而心态，则是由相对固定的心智模式造成的。心智模式决定我们观察事物的视角，影响我们对事物的认识，指导我们的思考和行为，影响着我们的人生。

世界上最难改变的就是人的心态。当代国人的精神缺失已开始影响国家的进一步发展。无处不在的浮躁现象，隐藏在背后的是自我膨胀、夸夸其谈、唯我独尊和骄狂成风。自我膨胀的心态不仅会阻碍国人开辟更广阔的天地，也会降低软实力。我们应苦练内功，修身养性，去追求一种人生的境界。多一点睿智的幽默，生活中就多一些欢乐的音符，逐渐形成良好的心智模式：

心态变——态度就变

态度变——行为就变

行为变——习惯就变

习惯变——品位就变

品位变——层次就变

层次变——境界就变

世上万物多变，唯有规律永存。鲜花总是在黑夜中绽放，鸟儿总是在晨光前鸣叫。人人都想过上更好的生活，这种愿望一点没有错，但是如果把对自己的能力所不能达到的生活水准的期盼，变成对社会制度的抱怨那就错了。因为社会制度本身所能提供的只是满足人们实现期盼的可能和条件，而实现期盼则需要自己的勤奋和努力。

改变心智模式，调整心态，才能找到正确的方向，发掘个人的潜力，走上正确的道路。

激情和信念

激情是一种天性，是生命力的象征。有了激情才会有灵感的火花，才会有鲜明的个性，才有人际关系中的感染力，也才会有解决问题的魄力。

活在别人掌声中的人，是经不起考验的人。市场永远是以成败论英雄的，每个人都要有一种强大的成功欲望。自我激励，明确目标，全身心投入，有恒心与毅力，有敲山震虎之势，才能石破天惊。只有这样，企业的前进道路才会残雪消融，溪流淙淙。企业要永远走春天之道，避免走冬天之路。

人要一时叱咤风云并不难，难的是一辈子处于时代的浪尖峰巅。世界上最优秀的人是靠奋斗出来的，人总是要靠一种信念向前的。一个优秀的民族不能缺乏激情和信念。

对与错

　　明知道错了认错是老实，拿不准对错而认错是老练，拿得准对错而认错是老道，明知道错了而不认错是领导，明知道自己没错而认错是老公。

　　从某种程度上说，没有绝对的对，也没有绝对的错，因为事之对错首先取决于谁来评价。肤浅的人自然有肤浅的评价，高深的人自然有高深的理解。当时代的误导者发出误导信号而没被戳穿时，它就是对的；当时代的误导者发出误导信号却被戳穿时，它就是错的。因此，谁掌握了话语权，谁就掌握了对与错的游戏规则。历史是胜利者写的。此人追求的或许是那人厌恶的，想让事事都合人心意者是受人耻笑的傻瓜。

　　即使你亲眼看见的、亲耳听到的，也未必是真实的。人

在世界面前，如盲人摸象，只见树木，不见森林。何况，任何人评判对错，都避免不了主观性。一个人的大脑中枢神经是人的指挥中心，但指挥也有两面性：人的两眼是平行的，但却未必能指挥两眼平等看人；两耳是对称的，却常指挥两耳听一面之词；一个鼻子长两个孔，却总指挥两孔随别人一个孔出气；人有一张嘴一个舌，但指挥中心经常失控，不讲原则总说两面话。

民众可以反对某些观点，但不要不珍惜今天的努力和自己的财富；民众也可听信某些观点，但要能让自己获得更多的利益。对同一件事不同的人会有不同的理解，透过表面看本质，做任何事不能为了达到自己的目的就去以点盖面歪曲事实。

比如平时你好我好大家好，大块吃肉，大碗喝酒，不分彼此，亲如兄弟，而一旦到了秦琼卖马、关羽走麦城的时候，就会有人坐视不管，看你笑话，甚至落井下石，趁火打劫。

这时才明白谁对谁错，谁是患难朋友，谁是无耻小人，谁是忠言逆耳，谁是巧言令色。懂得了对与错，就明白了朋友该怎么交，道路该怎么走，钱财该怎么花，话该怎样说。

文化层次

先进的文化是一个民族进步、崛起的灵魂。文化的范畴里有人们生活的重要方式，有每个人回避不掉的生活态度。文化常和层次联系在一起，文化可分为不同层次；文化又能决定层次，文化的积累也可以使人改变层次。高文化层次的人常常表现为有道德修养、文化素养、精神涵养，有内涵，不卑不亢，不张扬。

文化有低层次的，有高层次的。比如娱乐，就是一种低层次的文化需求，虽然它更易于形成产业化，也有比较大的市场。在这个娱乐至死的年代，以娱乐代替文化是需要我们警惕的。我们还需要高层次的文化，那才是民族的精神和灵魂。

较高的文化层次需要一个长久不断的累积过程。世人欣赏唐诗宋词，那是我们祖先世代积累的文学瑰宝，沉淀而成

为中华文化灿烂的一部分。李白的诗是盛世豪迈，杜甫的诗是乱世感悟，王维的诗是避世超越……他们的伟大诗篇，经过一代代人的吟诵、传播、学习、研究，已成为我们民族精神的一部分。

人要达到较高的层次，也需要文化修养的积累。以文化人，润物细无声。伟人之所以为伟人，是因为他们的胸襟宽宏豁达，让后人倾倒敬佩。他们的卓越并非一日之功、一蹴而就，慢慢累积才能从一个层次进入另一个新的层次，最后达到巅峰的境界。

时间的宝贵

历史无情，时间无私。

鲁迅说："浪费别人的时间等于谋财害命。"时间就是财富，时间就是生命。时间的管理就是生命的管理、财富的管理。

今天付出一分努力，可换取明天十分安乐；今天透支一分安乐，可换取明天十分饥寒。人一生中最可怕的是无所事事，最可恨的是无所追求，最可悲的是无所作为，真正的富有是时间，真正的贫穷是无知。

社会上一些事没人做，一些人没事做。没事的人盯着做事的人，议论做事的人做的事，使做事的人做不成事或做不好事。于是没事的人被老板夸奖，因为他看到事做不成；同时做事的人被训诫，因为他做不成事。一些没事的人总是没事做，一些做事的人总是有做不完的事。一些没事的人滋事闹事，使做事的人不得不做更多的事，结果好事变坏事，小事变大事，

简单的事变复杂的事。

老板常表扬不做事的人"没有错误"，批评做事的人经常犯错误。没事的人常盯着做事的人而没时间检点自己，做事的人经常受没事的人指责而时刻修炼自己。由此没事的人变成穷困的人，有事做的人变成了勤劳的人。

同样，一个国家、一个社会，同样的时间，制度的不同、文化的不同、老板内涵修养的不同造就了不同类型的人。时间是宝贵的，生命是短暂的，好好珍惜宝贵的时间，不要再浪费生命了。

古人言："月过十五光明少，人到中年万事休。"时间就是生命，效率就是金钱。我们每个人都要深知时间的宝贵及贫穷的可怕。单靠物质的资助改变不了个人家庭的贫穷，更改变不了国家的落后面貌。强者往往是用金钱去买时间，弱者往往是用时间换金钱。我们必须要用一种超前创新的思维同时间赛跑，来改变生活方式。争分夺秒创新，才能民富国强，赢得时间，追回失去的美好时光。人类没有驾驭时间的超前思维，时代就不会前进；国人没有驾驭时间的超前思维，中国就会落后于时代。因而，国人要做时间的主人，不做时间的奴隶。

理解与误解

不要贪图无所不有，否则你将一无所有。不要试图无所不知，否则你将一无所知。不要企图无所不能，否则你将一无所能。世界上最永恒的幸福就是平凡，人生最长久的拥有就是珍惜。人的欲望就是未能得到的，而遗忘掉所拥有的。

当一个人真正站在公正的立场看问题时，有人会误解你。也许是因为社会上大多数人的思维是急功近利、目光短浅而被扭曲的，他们往往是一种惯性思维而误解你。

但人来到世界上，应该为社会多做益事，多做贡献。智者有责任把人们不能理解的真知表达出来，启悟周围的人。无私才能无畏。我们对社会要多用大拇指，对自己常用食指。为官者正直无私，做出表率，官场才能清廉；知识分子敢于直言，开启民智，社会才能兴盛。社会上不缺乏浮躁的误解

之人，而缺乏脚踏实地的理解之人。不少人心理冷漠，自私狭隘，对社会缺乏信任，对弱者缺乏怜悯。

理解能够增进沟通，有益和谐，常能事半功倍；误解却消耗精力，浪费财富，导致事倍功半。

在不被社会上一部分人理解的情况下，理解的人也愿承受误解，并享受误解，那就叫"阿 Q 精神"。误解之人因为重视你才会误解你，而误解往往是理解的准备阶段。正因为社会上有太多的事情别人无法认识和理解，理解之人就有责任为误解之人在黑夜中点亮明灯，解开误解之结。当具有这种"阿 Q 精神"的人占了社会的大多数时，误解也就能转化为理解了。

利益的驱动

经济学家一再告诉世人，在社会发展过程中，人们谋求个人利益的最大化，是社会发展的动力之源。

人们获得利益的拼搏、博弈活动，受到制度、道德和法律所规定的游戏规则的制约。一旦毫无约束，人们就可能有很强的暴力倾向来维持自己利益的最大化。如此一来，整个社会也就进入"所有人对所有人的战争"的"霍布斯状态"。人就会像兽类一样，处于暴力死亡的恐惧和危险之中，随后社会会彻底崩溃。

战国时的秦国，商鞅针对当时秦国的国情颁布了大量的法令，但执行不力，最后导致百姓不知所措。法既不可容，但也不可藐。

在人类的组织中，总有忠臣、奸臣、好人、坏人、勤人、

懒人，但他们都有一个共同点，那就是维护自己的利益。只不过有些人把自己的利益和组织的利益捆绑起来，一视同仁，知道"皮之不存，毛将焉附"的道理；有些人却把自己的利益凌驾于组织的利益之上，时不时要做出一些损害组织或别人利益的事来换取自己的利益最大化。所以，只有在健全的法律制度保障之下，坏人才会变成好人，懒人也会被改造成勤奋的人。这并不表示坏人彻底变成了好人，而是法律让他干不了坏事了，或者说干坏事需要付出的成本太高，权衡利弊得失后他自然会选择适应制度来保障自己。

其实利益的欲望潜藏于每个人的内心深处，只不过有些人能够克制，有些人利益的欲望太大不能克制。在亡羊补牢、防患于未然的良性法制保障下，不再给这些腐败的人留有害国害人以增加自己利益的机会，他们自然也会遵纪守法。实现一个愿景，体现自己的价值，回归自然。

如今腐败现象产生的根源绝不是利益的导向，而是缺乏合理的制度约束，缺乏健全的、强有力的监督机制。社会公平地给予每个人追逐合法利益的权利，追逐利益不是"万恶之源"，也不是腐败的根源。在一些人的头脑中，利益似乎就带着原始的血腥味，是邪恶的化身，将一切腐败罪恶都强加给"利益"。刚从计划经济中走过来的转型社会，人们就强烈地带有这种意识，他们不屑于或者不敢提及利益，因为利益已经被世俗的道德观念完全地边缘化为"罪恶"。

腐败是不可容忍的，因为它扭曲、破坏了整个社会的正义和经济发展的逻辑，危害党、危害国家、危害全国人民。利益却不能与腐败混为一谈。

任何一个社会都需要利益的驱动。我们需要有健全的制度来保障人们对正当的合法利益的追求。同样我们需要有强而有力的制度来防止腐败、惩治腐败、清除腐败的滋生条件。

缺乏强有力的制度监督的权力必然产生腐败，没有制度监督的权力必然导致绝对的腐败。透明是社会和经济问题的最佳药品，阳光是最佳的防腐剂。

学会理智，越法必惩

国无法不治，民无法不立。中国是一个拥有五千年悠久历史的文明古国。一个文明的人是一个对罪恶认识非常清楚，并对罪恶有自觉抵制力的人。

时势造英雄，乱世出枭雄。人非圣贤，孰能无过？人一生可犯不同的错误，但不应犯相同的错误。犯错也得讲究点质量。

在同一个空间中，权力和权利是对立统一的关系，权力能带来权利，但这两者之间有着一定的边界——法度，尤其是宪法，则是这条边界的看守。权力出位即越界，它的表现就是当权力越过法律的时候，权力开始失控，玩火者必自焚。所以，小心驶得万年船，懂人生，更要懂理智。

司法人员要自身硬、自身正、自身净，司法不力等于放虎归山，司法不公等于"污染水源"。 司法工作者的脚印必须踩在法律的健康红线之内，一个健康理性的社会离不开司法，律师是法治社会的催化剂，是全民的保护者之一。司法是公正的，替黑社会说情，那就比黑社会还黑，替地痞说情，比地痞更地痞。公元前632年，卫国的统治者卫侯和他的侄子打官司，侄子控告叔叔谋杀叔武。卫侯派他的属下士荣先生做自己的"辩护律师"，承办此案的"法官"是晋国国君晋文公，审理的结果是卫侯输了官司，被拘禁，士荣先生被砍了脑袋。晋文公杀士荣先生的理由很简单：为坏蛋辩护的人也不是好东西。越法之人锒铛入狱后才想明白，官大官小，没完没了；钱多钱少，全是烦恼；这好那好，自由最好。我不缺吃不缺喝，要去犯罪干什么，自由对一个人来说才是最重要的。

一个人在最该明白的时候才明白，纵然能亡羊补牢，但往往为时已晚，再回头已是百年身。真正的高人智者就是不吃堑也能长智，不倒霉也知道交友之道，不生大病也晓得身体最重要，不进监牢也明白天网恢恢、疏而不漏。

马克思说："法官是法律世界的国王，除了法律就没有别的上司。"法律至高无上。法律是违法者的镣铐，法律是守法者的护身符。执法者是带着镣铐的舞者，需要在规则下求得平

衡之美，公平执法，惩恶扬善。这无疑需要足够的智慧和勇气。敬仰法律，遵守法律，法律也会保护他；无视法律，破坏法律，法律就会惩罚他。唯有法律才能守护社会秩序和百姓的安全底线。学会理智，越法必惩。

世界上最昂贵的财富是思想

世界上当总统的许多是出身名门的 CEO，但是他们更重要的共同点，是有杰出的思想。原因很简单，凡是正常的人都不会选择没有杰出思想的人来管理自己的国家。

在现代的社会里，哪个人都懂"不能治家怎能治国"，谁放心把一个人民当家做主的政权，把百姓和公共事业交给一个连自己家庭都搞不富裕的人呢？

从历史上看，国家发展靠知识，科技发展要靠知识，同样，农业发展、人类与自然的共存也得靠知识。人类今天的高科技、高幸福指数，是建立在知识的不断累积、文明的不断延续之上的。

世界上为什么有思想、有知识和勤劳的人比较富裕，正是因为他们具备杰出的思想与知识，勤奋并且有经济管

理的能力。改革开放后，在邓小平的领导下，为什么中国能有那么大的变化？究其原因是纠正了动乱时代的错误，不搞斗争搞改革。动乱时代，眼睛一睁，阶级斗争，越斗越穷。商品经济时代，眼睛一睁，开始竞争，社会只有在竞争中得到发展。废除斗争，在改革中竞争，短短的30余年开放，中国跃居世界第二大经济体，让中国人民扬眉吐气，更让国民懂得了勤劳致富。所谓的"资本主义"，就是没有资本就没有主义，有了资本才有主义。人穷，归根到底是穷在思想上，邓小平把自己的杰出思想分给了中国人民，中国人民才真正从穷困中得到了物质财富和精神财富的彻底解放。

社会的富强发展是要靠文化精英、政治精英和经济精英共负重责来推动的。文化精英奠定公民道德修养的基础，爱国、爱民、爱自己。政治精英随时代更新体制，完善制度，重视文化建设，为国家指引航向，决定思路和出路，提升国民幸福指数。经济精英极力为社会创造财富，开拓创新，解决就业来稳定社会。他们三位一体，推动社会发展，百姓安居乐业，社会才能和谐，国家才能富强。由此可见，不变革的风险远远大于变革的风险。人必须要解放思想、与时俱进，同世界接轨，用超前的创新思维同时间赛跑。单靠简单的物质资助改变不了穷困的面貌，不能整天依靠供血，自己必须完善造血功能，不然只会输在起跑线上。人穷是穷在思想和观念上，是穷在思维方式和知识结构上。大脑是用来想问题的，先知先觉是上策，后知后觉是中策，不知不觉是下策，也是失策。投资机会在于别人不懂时你懂了。爱因斯坦曾有过这样一段精辟的言论："想象力比知识更重要，因为知识是有限的，而想象力概括着世界上的一切，推动着进步，而且是知识进化的源泉。"总而言之，世界上最昂贵的财富是思想。知识和想象力能改变世界、改变穷困的面貌，知识与思想能源源不断地推进社会发展，更能引导人类不断创造财富价值。所以，只有文化思想底蕴的厚度才能决定一个人、一个社会发展的高度。

社会发展与道德修养

　　中国的崛起绝不能只是物质财富的剧增，而应伴随社会道德的提升，社会价值体系的重塑。

　　人的核心价值是文化和思想，精神文明往往比物质文明更重要，正如士气比武器更重要。古训："狭路相逢勇者胜。"共产党的军队历经二万五千里长征，从小米加步枪开始，筚路蓝缕，照样解放了全中国。从某种程度上说，社会发展是以精神为前提的，靠的是信念、信仰。如果没有精神文明的发展，人只会沦为财富的奴隶，失去前进的方向和动力。

　　社会的发展是要靠国家的政治精英和经济精英共同组成决策阶层来管理的，两个精英阶层的觉悟不仅仅是个人修养的问题，而且承担着引导中国 13 亿人民的社会责任，要推动社会文明发展。如果精英只为个人着想，则社会风气也会不正，人们只考虑眼前利益；反之，如果精英为奉献社会而自豪，社会风气也就会以为民服务为导向。所以，必须建立有效的激励制度，让精英们率先抛弃私利。此外，更重要的是，要建立引导精英健康发展的氛围，引导精英富而思源、富而思进，向乐于奉献发展，为长远利益着想。

道德修养是我国源远流长的历史传统，是公民道德教育的基本内容，也是社会主义市场经济的要求。诚信作为公民道德的基本要求，其基本内涵是诚实、不欺骗、遵守诺言、循规蹈矩。社会快速发展的同时，也伴生了急功近利的思潮，物欲横流、道德缺失、功利主义盛行、浮躁纵欲。众生万象，西方人几百年才能经历的，中国人在几十年间就全部都经历了。因此，我们的国家领导人这些年不断呼吁国人的血管中要流淌着道德的血液，要抬头仰望星空。

君子爱财，取之有道，谋求利益必须建立在遵守道德规范的基础上。如果不遵守最上层的道，法将无法施展，利将无法获得，欲将无法满足。同时，我们的生命，不能停留在对物质的追求层面，奉行弱肉强食的丛林法则，而是要上升到更高境界的精神生活，规范和提升我们的生活品质和生命境界。

动物世界遵循着弱肉强食的丛林法则，但也有母爱与责任、亲情与感恩。在南非一个山区的森林里，一只大象年老病衰，一只小象陪伴、照顾了它一年。老象病死后，小象在老象旁站立转了六天六夜，不时用鼻子撬动着老象的身躯想让它复活，不时发出凄惨的哀叫直到最后筋疲力尽，才依依不舍含泪而去。当母狼怀孕，公狼寸步不离，直到小狼生下并能独立生活，公狼和母狼才放心离去。动物世界尚有这样感人的故事，而在急功近利、物欲横流的今天，人类社会却有某些严重的道德缺失，连动物都会不齿。

　　三聚氰胺和瘦肉精算得上是高科技产物，却被某些唯利是图的大企业用来毒害人类，从而引发巨大的社会灾难和责任危机。可见知识与经济若没有道德修养的保障，就会演变为道德败坏的知识经济。连小孩都懂的基本的善恶，为什么80岁老翁会失去理智呢？是人类智商的衰退还是急功近利导致的扭曲？道德信号的红灯染上了病毒，亮出了世道的险恶，人心的复杂。

　　中国当下紧缺的是一种能激活道德、公平、公正、信用的行为文化，我们需要一种行为规范去拯救扭曲的人心、失序的社会。与其说百姓缺少文化，不如说有些精英缺乏表率。过去承载道统的精英，心怀天下的知识分子，如今却部分沦为少数权贵投机取巧的工具，由此加速了对社会文化胚层的釜底抽薪。所谓对道德真理的探索，就是用一种批判又冷静的眼光来观察世界、审视我们社会的种种缺陷，并探索这种缺陷和苦难的原因。

我们要改变这个世界，改变我们的命运，离不开道德修养。道德修养不但能改变人心，而且也能改变世道。物质生活是有限的，精神文明是无限的。改革开放的30年，我们的脚步也许是跑得太快，接近了西方300年发展的历程，但我们部分人由于缺少了信仰，缺少了敬畏感，缺少了生命的价值观，缺少了文化涵养的内敛，没有跟上时代的发展步伐，需停下来静静地反省一下。静能生慧，宁静致远，能海纳百川。不要拿起筷子吃肉，放下筷子骂人，静下心来。要懂得感恩社会，懂得感恩在你的人生道路上帮助过你的人。提高道德修养，让精神文明与物质文明与时俱进，中国百姓的幸福指数不断提高就不再是遥远的梦想。

第二辑　企业发展与管理

　　企业的发展需要的是机会，而机会对于有眼光的
人来说，一次就够了。

——比尔·盖茨

　　管理者好比是交响乐队的指挥，通过他的努力、想
象和指挥，使单个乐队融合为一幕新的音乐表演。

——德鲁特

　　君子爱财，取之有道，用之有道。

——李嘉诚

企业必须走创新之路

艰难困苦是幸福的源泉，安逸享受是苦难的开始。企业初创时，往往锐气十足，勇于创新，而平稳发展之后，却常常因创新力不足而止步不前，甚至陷于困境。

创新不仅指技术创新，还有制度创新和市场创新等。

中国古代的四大发明是原始性创新，是最能体现智慧的创新，是一个民族对人类文明进步做出贡献的重要体现。

过去 30 年，企业靠生产经营赚的是微利，靠技术品牌谋的是厚利，靠商业模式挣的是暴利，靠制度落差图的是红利。

创新是保证社会和企业不断进步的必然路径。一个企业不能创新，将会沉淀于水底而凝固。没有新观念、新制度、新技术和新产品，就不能新陈代谢，不能优胜劣汰。没有了危机感，也就没有了活力，企业垮台就无法避免。杭州绿城房产总裁宋卫平精辟地说："商品经济的重要特点是竞争，竞争中的优胜劣败，其过程和结果都是十分残酷无情的。要避免过早出局，唯一的出路是必须用功，必须付出非常的努力，唯有非常之人才能建成非常之业，唯有非常的努力，才能得到非常的成果，这就是既简单又深刻的道理。"

美国软件业巨擘微软公司创始人比尔·盖茨把成功的全部奥秘归功于"创新、创新、再创新"。他将研究与开发置于中心地位毫不动摇。他时刻提醒着每一个员工，不创新就灭亡。让公司每位成员把自己的聪明才智和创造精神充分发挥出来。

海尔集团发展到今天，创新是其高速、稳定、持续发展的基础，也是实现海尔国际化的基石。

时代是变化的，只有在新旧交替中才能进步。人同样如此，"花无百日红"就是这个道理，要不罗贯中老先生为什么在《三国演义》开篇发出了"天下大势，分久必合，合久必分"的感叹！

按市场规律办企业，就必须要走创新之路。"临崖勒马收缰晚，船到江心补漏迟。"商场如战场，商场无父子。作为领导应该和员工讲感情，但市场是不会同企业讲感情的。如老总只凭感情办企业，而不是按市场规律办企业的话，企业迟早要垮台。

价值规律

在商品经济领域中，是价值规律决定人们的行为，而不是人们的行为决定价值规律。当一种商品的价格上涨远离其基本价值或是远超国民的消费能力时，其价格的最终回落就成为必然。

经济学家亚当·斯密在《国富论》中论述道："任何行业的成功总量与失败总量都是相对应的，越是能暴富的地方越是会产生一大批破产者。"价值规律是商品生产的基本规律，商品价值是其价格的基础，商品价格是其价值的货币表现形式。商品价格随着资源稀缺程度、供求变化和竞争状况而上下升降。当出现价格与价值的背离，市场也会自发地配置社会市场资源，自发调节社会再生产、流通和分配消费环节。

价值是一种抽象形态，其表现形式是价格。也就是说某种商品的价格不是由一个生产商品户决定的，而是由所有生产商品户的平均劳动消耗而决定的。在市场经济中，有时价格的高低也是没有客观标准的。物以稀为贵。供过于求，价格下跌；供不应求，价格上涨。由此，价格是每一个人的价值判断在市场上互动的结果。在同一市场，有人看涨，有人看跌。各人品味不同，观察事物会出现不同的版本。价值规律在市场上通过价格信号，在社会价值与个别价值、商品价值与商品价格的比较下会自发地起着调节的作用。经济学家胡释之说过，价格不是由成本决定的，而是由市场决定的，如果价格由成本决定，天底下就没有亏本的事了。

当市场供给大于市场需求时，商品价格一般低于其价值；当市场供给小于市场需求时，商品价格一般高于其价值。只有市场供给与市场需求相等时，商品价格才能接近其价值。在通货膨胀到来时，商品价值会虚涨，相应地，其商品价格也会上升，这就是价值规律。

观念一变天地宽

命运不是运气，而是抉择；命运不是思想，更重要的是自己的努力；命运不是名词，而是动词；命运不是放弃，而是争取和掌握。如果你迷恋厚实的屋顶，就会失去浩瀚的繁星。

思路的落后源自观念的落后，经济的落后主要源自体制的落后，体制的落后也在于思想观念的落后。

观念决定思路，思路决定出路，出路决定价值。

改变观念，说起来容易做起来难，说别人容易改自己难。工作中有了失误，要在观念上找原因，不能找借口。借口意味着企业的死亡。军队是这样，企业也是这样。观念一变，风光无限。张瑞敏有句名言："观念不变原地转，观念一变天地宽。"我一贯认为，个人与企业成功与否的关键就是两个字：观念。

中华民族是一个有着五千年文明的优秀民族，历史源远流长，国人勤劳善良。从历史上看，我们有过辉煌的成就，但也犯过严重的错误，但国人喜欢歌颂成就，不反思错误，尤其不反思民族集体犯过的错误。比如动乱，政治风暴席卷着一帮蠢疯子在做发疯的事情，直至无数人在灾难中丧生。其中不乏自以为是为了"爱国"的，但"爱国"为什么一定要让空气中充满血腥？曾有多少父母痛失了儿女，有多少妻子失去了丈夫，有多少幼儿没有了父母？人人都知道，不清醒反思历史，就不可能有稳健的未来。国人一直在谈中国的问题和解决方法，大都是谈问题的表层，而没有触及问题的本质。实际是理性精神缺失导致思维的穿透力、自我批评的审视能力及多元化辩论的语境开放力阻塞。没有了信仰，没有了敬畏感，没有了自我约束，就不懂得人与自然之间的关系、人与人之间的关系、人与自我的关系。正因理性和悟性的不成熟，在历史导演的扭曲下，演出了一幕幕的悲剧。

　　一个健康的社会，应该有健康的公共讨论。然而今天的中国随着经济的发展和社会的多元化，公共空间已经出现，但国民的公共讨论似乎没有形成。昧着良心赚钱、做人没有底线、贪污泛滥的现象令人痛心疾首。

历史上凡是崛起而又稳健前进的民族，必须经过一个重要的阶段，那就是思想启蒙，对全民族的集体精神展开一场浩浩荡荡的洗涤，经过一番彻底启蒙来规避国民道德素质滑向边缘，才能理智。保守的会变得开明，激进的将变得理性，鲁莽的变得稳健，进取的不再惧怕威胁，雄心勃勃的不再咄咄逼人。用平和的心态来面对这个世界，同世界接轨，才能屹立不倒。

和衷共济

一个人对自己有什么样的思考，就会作出什么样的选择。做什么样的事情，就要接受什么样的挑战。

一个企业的发展不是仅仅靠一个人，还要有好的前进目标、正确的方向，要有团结一致的团队以及全体员工的努力奋斗，要有丰富的想象力和创新的思维，更要有坚强的意志和顽强的毅力。

企业如同一个人一样，能够打垮它的因素在内部，而不在外部。企业的外部困难可以依靠大家齐心协力来克服，但如果内部出了问题，企业本身就无法做大做强。大舞台存在大风险，需要大牺牲，当然也可创造大奇迹。一个企业在走向成功时，不要只仰望自己曾经拥有的丰碑，而要树立起更多的丰碑。凡成功者往往非大辱即大难。

贪婪往往是祸患的根源

贪婪是最真实的贫穷，满足是最真实的财富。权力和资本都要有政治的约束，缺乏制度的权力和逐利成性的资本一旦结合在一起，所产生的力量蛮横且不可抗拒，所造成的恶果定会令人触目惊心。

人与大自然的搏斗一直是相当残酷的，开始是大自然残酷，现在是人类残酷。人类对大自然施暴时蔑视所有的规律，大自然对人类报复时却遵循所有的规律。当投机者和腐败者忙着计算和分享投资利润时，当地民众却必须长期面对被污染的水源和被破坏的环境，许多无辜者甚至要为他们对权力和资本的贪婪付出惨重的代价。腐败的政客和没有诚信的企业急功近利，不顾及食品质量及安全，这已残害到我们幼小的孩子。因为中国民众广泛缺乏信仰，对生命没有敬畏感，导致那些人什么都不怕。由此可见，企业诚信法治化是一条必经之路。

酒醉总有一醒，财迷永无止境；权势有大小，财富有多少，多少是多，多少是少呢？没有一定的标准。受恩深处宜先退，得意浓时便可休。功名富贵若长在，汉水亦应西北流，长江也会倒着流。欲望是人前进的动力，人活着当然要奋发向前，但也要知道什么时候该"往回跑"，学会放弃。不然欲望膨胀发展至贪婪成性，失去理智和意志的控制，就会在欲望中沉沦，迷失方向，陷于绝境。

"树大招风风撼树，人为高名名丧人。"贪婪往往是祸患的根源，贪婪的人是愚蠢的。古训："不能正己，安能化人；欲多伤神，财多累身。"因为贪婪不仅可能使他们失去来之不易的地位、权力和挣得的财产，还可能失去宝贵的人身自由，"赔了夫人又折兵"。"人有心头病，猫叫也心惊；未渴先掘井，补漏趁天晴；有风方起浪，无潮水自平；世路由它险，居心任我平。"人间正道是沧桑，树无皮必死，人不要脸则无敌，任何人都有可能得到权力和财富，但应取之有道，否则就是犯罪。著名海派清口演员周立波有段名言："人可以犯错，但不能犯'贱'。"因为错可以理解为善意的失误，而"贱"则一定是本质的恶意。

一个组织、一个社会的高层领导一旦贪婪而违法乱纪、不受任何节制的时候，就如决策权落在坏思想的人手里，这比刀落在谋杀者手里更危险，他会给这个组织、社会带来毁灭性的灾难。

企业家的社会责任

创业是一种兴趣，成功是一种乐趣。创造财富是一个人对人生事业的一种追求，体现一个人的人生价值，而一旦当了老总，就负有了一种社会责任。

企业家在追求效益、创造财富的同时，必须承担与这一角色相应的社会责任，引领改革与创新，培养人才，推动社会的发展与进步。我们追求的不再是个人的成功，而是团队的成功，要让团队的成员实现自我，让企业不仅为这个社会输送产品、创造财富，还要提供和谐的精神和先进的理念。

做精品工程是一个企业、一个人职业道德的一种标志。因而我们不能休息，不然我们将会永远休息。

企业经营是有原则的，没钱赚的事不能干，有钱赚而投不起钱的事不能干，有钱赚也能投得起钱但是没有可靠的有

经营头脑的人去做的事也不能干。

　　用信念支撑精神，用毅力实现梦想，用知识改变命运，用理性避免危机，用宽容对待员工，用激情引导企业。人生一瞬间，有机会就要拼，成功与否不重要，要的是结果而享受的是过程。没有坎坷崎岖不叫命运，在惊涛骇浪中搏击才叫负责任。日本企业管理大师土光敏夫有句名言："没有沉不了的船，没有垮不了的企业，一切取决于自己的努力。"时时牢记："事无三思终有悔，人能百忍自无忧。"杭州绿城房产总裁宋卫平说："一个人的世界观决定一个人的价值观，价值观又决定他的抱负和理想，而抱负和理想又决定了他的事业观，事业观又决定了他的工作观，工作观就会直接影响和决定他的工作成果和事业成就。产品即人品，生命多精彩，产品多精彩，走正道的人和企业，才能做出正品。"

　　财富多少是一种经营能力的表演，品质高尚才是一种精英内涵的升华。

成功

长期以来，人们习惯于将智商作为衡量人成功的标准，然而科学研究表明，情商是比智商更重要的一个商数。成功的决定因素不仅仅是智商，还有情商。美国哈佛大学心理学教授丹尼尔曼认为"情商高低是决定人生成功与否的关键"。

一个人的成功大体百分之二十来自于智商，百分之八十来自于情商。小成靠术，中成靠法，大成靠道，你有多大的气量决定你有多大的事业。人要懂得人情——通情达理才会成功。超越个人的无私的爱的能量叫大爱，超越一个人生命的信念叫信仰，懂得爱和信仰的人才会有成功。

"事要成功须尽力，学无止境在虚心。好事尽从难处得，成功莫向易中寻。不是有钱能买命，应知无药可医贫。"

一个人的成功来自于他的综合素质和丰富阅历，丰富的

知识会产生丰富的想象力，丰富的想象力是推动人前进的动力。人是跟着心走的，心有多大，舞台就有多大，也就是底蕴的厚度，决定你将来事业发展的高度，苦难往往能让人成就自己。

居家不得不俭，创业不得不勤。"成功多在穷苦日，败事每于得意时。"失败与成功往往只是一步之遥，成功与失败就像是在黑夜与黎明之间，失败者总是在黎明前选择了离开。成功者都有正确的理念、沉着的坚持、聪明的头脑，他们期待光明，战胜了黎明前的黑暗，迎来了光辉灿烂的艳阳天。成功者遇事是进一步想，失败者遇事是退一步想。成功的人看得到将来发展的趋势，而失败的人只盯着眼前的潮流。挫折对弱者来说是块绊脚石，对强者来说是块垫脚石。

要想常人所不能想的事，做常人所不敢做的事，忍常人所不能忍受的事。说自己想说的话，做自己想做的事，走自己想走的路。不断否定自己，永远追求卓越。创新是一个成功者发展的永恒主题。成功并非来自偶然，成功的人有很多很多的理由，失败的人有很多很多的无奈。只有非常之人，才能成就非常之业。

成功的价值是指一个诚实致富的创业者能为社会创造一

定的优质财富。成功来自宁静而不是浮躁。成功包含着痛苦、挣扎、汗水和泪水，成功意味着不断付出并承受失败，唯此才能最终赢得繁花簇拥与众星捧月。成功永远属于有智慧、有勇气的人。人人都渴望成功，人人都想得到成功的秘诀，然而成功并非唾手可得。我们常常忘记，即使最简单、最容易的事，如果不能坚持下去，成功的大门绝不会轻易地开启。三文鱼的成长生命是四年，当生长到第四个年头时，它们为了繁殖后代，一定要去两百公里以外的上游产卵。它们义无反顾拼命向着上游奋勇前进，因为一停就会被激流冲回，所以它们既不停留也不吃食物。当游到终点的时候，它们全身发红，体内的能量已全部耗尽。它们唯一的目标和职责就是繁衍和培育后代。这时，雌三文鱼开始排卵，雄三文鱼开始排精，三天后它们就默默地死去。它们要如此坚持不懈排除万难，直至付出生命，才能成功地繁衍后代，它们的这种精神让人类感到震撼。汉武帝最初讨伐匈奴时，总是打败仗，匈奴上马打仗，下马造饭。汉人打完仗回扎营洗澡，经常受到匈奴突然袭击。后来汉人总结了匈奴的作战风格，学习匈奴上马打仗，下马造饭，最后汉武帝击败了匈奴。由此可见，成功是需要策略和智慧的。

　　创业也是需要有激情的，有的人看别人成功时很激动，

往回走时开始摇动，回到岗位上一动不动。短暂的激情也许会带来短暂的成功，长久的激情才会有长久的成功，恒久的激情才会有恒久的成功。反之，在事业上没有激情，将会是"黄鹤一去不复返，白云千载空悠悠"。

在一个人有追求但尚未成功之时，在别人眼里可能就是个疯子；当他走向成功之时，在别人眼里才是个伟人。再长的路，没有脚走的路长。千里之行，始于足下。再高的山，没有人高，山高人为峰。事在人为，成功是优点的发挥，失败是缺点的累积，成功与失败，一切取决于自己的努力。所以失败的人经常失败，成功的人在做失败的人不喜欢做的事而经常成功。

成功并没有秘诀。"苦难是金"，人要有所得，必定会有所失。只有学会放弃，才有可能登上人生的极致高峰。"即知即行是英才，不知而行是庸才，知而不行是蠢才，不知不行不成才。"怕吃苦的人吃一辈子的苦，不怕吃苦的人吃半辈子苦，因为有付出才能有收获。只有走出来的美丽，没有等出来的收获；只有干出来的事业，没有想出来的辉煌。请相信，成功是努力得来的。吃尽苦中苦，方为人上人。

财富

俗话说：“钱财如流水，仁义值千金。”

财富只是个概念而已，财富的多少是对企业价值的一种评定，而财富的要义是继续为社会创造财富。

对于个人来说，金钱只是财富的一部分，财富还包含着精神财富，如知识、素养、内涵、气质、人格魅力、智慧和丰富的阅历等。这些隐性的内生的因素是恒久地支撑金钱这一财富的动力。创造财富而不挥霍财富，是每一个人应具备的素质，但到通货膨胀来临时，把钱存起来让它慢慢贬值，就如同看一个如花似玉的姑娘慢慢变老。挣钱不容易，用好每分钱才是人生的艺术。一个人爱钱不可耻，胡乱花钱才可耻；省钱不可耻，伸手要钱才可耻；没钱不可耻，有钱不挣才可耻。君子爱财，取之有道，才是人生爱财的真理。

创造财富如攀岩登峰，一路悲欢交集、风景不断，直至登峰造极，但也会遇上悬崖峭壁，稍不留意会跌得粉身碎骨。

　　所以在追求财富的商业社会里，要懂得做人的准则。根据自己的能力、条件、渠道、环境经营自己。经营恰当它会给你带来幸福和快乐，经营失误它会给你带来海啸一样的灾难。自古至今，越奸狡越贫穷，"奸狡原来天不容，富贵若从奸狡得，世间呆汉喝西风"。

　　在瞬息万变的信息时代，所有的经营理念、观点和经验都像一只只暴风雨中易碎的花瓶。任何渴望成功的人都应当保持一种平和理性的姿态，更要懂得"财散人聚，财聚人散"的道理。

应变能力

著名的英国大戏剧家莎士比亚有句经典名言："如果没有作出自己应有行为的选择，这样的生也是死的。"

"心要静则神策生，虑深远则计谋成。"变与不变首先不能失去自我定位，不可不变，但也不可乱变，事物规律和原则不能变。每个人的人生都似一叶扁舟，在大海中航行，随时都有可能因狂风大浪风向转变而遭遇凶险，如果以卵击石，逆风行舟，那么多半会船毁人亡，纵使再有雄心大志恐怕也难有实现之日。如果人生遭遇变故，需要人们做出改变，那么当断不断就会反受其乱，落得粉身碎骨。

世界在发展，市场在变化，在合理的游戏规则下应根据需要，积极应变。直飞的鸟容易被射杀，曲折翻腾的鸟则不会如此；智者出牌从不打出对手料得到的牌，更不会打出对

手想要的牌。愚昧永远领悟不了奇迹以外的东西。

世路崎岖需慎走，事情复杂要多思。选择变还是不变，如何变，有时丰富的想象力比知识更重要，恰如著名教育家黄炎培在雁荡山所撰名联"未必道可道，来寻山外山"所描绘的境界。

人的胸怀是被委屈撑大的

　　心中有事空间小，心中无事一床宽，虽是有形自由身，莫坐无形心中牢。

　　一个努力记住痛苦的人，他必然总在痛苦中生存；一个懂得善待自己的人，他不会为了琐碎的事情而伤害自己。

　　佛经曰："是人皆冤，是情皆孽。"其实人的一生不免冤枉别人，也难免被别人冤枉。人总是在不断误解别人，同时也被别人所误解。我们或许曾经做过对不起别人的事情，同时也在忍受别人对我们的背叛，但又能如何呢？或许那个背叛你的人还在为他的"聪明"而洋洋自得，以为自己做得很高明，或许他并没有觉得在背叛你，或许是他觉得背叛你也没有什么，但他知道这一切其实你都是明白的，只是你不愿意挑明而已。如果我们为这个背叛而耿耿于怀的话，只能增

加自己的烦恼，同时给我们带来更多的痛苦，这样我们就陷入了背叛者给我们挖下的陷阱。忠厚自有忠厚报，豪强一定受惩处。量大能消千年怨，德高常记一滴恩。我们如果很大度，无所谓这一切，虽有无处可诉的独自承受的辛酸苦楚和委屈，但在这承受委屈的过程中，我们的胸怀就被撑大了。

想当年，史玉柱在最狼狈的时候，他的一个下属就曾提出要分钱走人，而在这个时候他的老婆也离开了他。这件事情让史玉柱伤心欲绝。从那以后，史玉柱就吸取教训，对公司的股权掌握得非常紧，不容任何人背叛。这是他从背叛中吸取的教训。

我们每个人都不希望被人背叛和遭人暗算。大凡领导者都要有一种胸怀，一种被委屈撑出来的胸怀。古人说："宰相肚里能撑船，将军额上能跑马。"其实说的就是宰相、将军能够承受平常人所不能承受的委屈，不但要承受小人的攻讦，甚至还要蒙受皇上不明原委的指责。人生就是这样，要成大事者必须要承受巨大的委屈，职位越高的人承受的委屈也越多！或许人们会羡慕领导人的成就，但却不知道在这背后，领导人承受的巨大委屈。

有一则寓言说，从前有一个大理石台阶埋怨佛像："你和我都是石头，凭什么你可以高高在上，受人敬仰，天天有人给你上香，而我却要忍受这么多人在我身上踩来踩去？"佛像说："你只是经受了四刀就成了台阶，而我是经受了千刀万剐才有今天这个模样。"

领导者就像寓言中的佛像，他们经受了常人难以想象、难以承受的委屈才有了后来的成就。假如这个世界上没有背叛，没有苦难，也就成就不了这么多优秀的干部和企业领导者。正是因为有这些小人的存在，才真正体现出领导者的胸怀。从这个意义上，我们要"感谢"这些小人。所以，要想成为一个真正优秀的领导者，请忍受这些委屈吧！毕竟人生的道路不总是一帆风顺的。

同欲

孙子云："上下同欲者胜。"

一个企业的作风，领导的形象，队伍的素质和精神面貌，往往比多拍几块地，多造几幢楼，多挣一点利润更为重要。企业必须营造这样的氛围：领导有激情，员工有热情；领导以身作则，员工积极向上；领导敢讲原则、敢讲真话，员工敢提合理化建议、建设性意见；领导关心员工，员工拥护领导。

作为领导，对上要有承受力，对下要有亲和力，越往下越要和风细雨，润物细无声。客户更是我们的上帝，是我们的衣食父母，没有客户就没有我们的企业，客户在我们心中永远是至高无上的，我们必须把最优质的服务奉献给我们的客户。将心比心，换位思考，"己所不欲，勿施于人"，乃同欲也。

用人的准则

"为政之要，唯在得人，用非其才，必难致治。"

决定企业之间竞争胜负的因素是人力资源。人才比财富更重要，财富可不断创造，但精英人才是不可复制的。财富的价值取决于人才的价值。西方国家为何如此强盛，能在学术界、在科学界傲视同群？就因为他们理解了"财富的传承是容易的，但是在任何国家社会精英人才都是一种稀缺资源"的道理。21世纪的商战，是用知识、智慧、科技含量和运筹帷幄的谋略力战群雄而决胜商场。

由此可见，人的价值是决定企业胜负的主要因素。有智慧的人用的是人才，愚蠢的人用的是奴才。在企业中往往是下级服从上级，上级常喜欢一帮忠心耿耿围着自己的信徒，而忽视了培养一批有能力、有管理才华的助手。因为上级绝

不会喜欢比自己高明的下级，常认为忠诚比能力更重要，而下级也认为只有得到领导的赏识才是下级的职责。由此，上下级潜意识的自私自利改变了游戏规则，致使企业走向滑坡之路。

当领导失去了做领导的能力的时候，才知能力的重要。单一的忠诚不能解决实际问题，因为企业在危难时刻需要的不但是员工对企业的忠诚，更需要能力和品行、整体的综合素质，忠诚加能力才能使企业转危为安、蒸蒸日上。如果这时上级领导还是喜欢用那些听话的人，估计企业的前途堪忧。企业不安全，上级领导的位置也就摇摇欲坠了。由此可见，能力和忠诚同样重要。做领导更要注重艺术，表扬一个人最好用公文，批评一个人尽量用电话，是人都有自尊心。

学历不等于能力，文凭不等于水平。人不仅要有过人的智慧，更重要的是要有过人的品德。第一年看学历，第二年看能力，第三年既要看能力又要看学历，不管这个人来自什么背景，只要他为公司做出贡献，就聘用他。注重于用人才，不用庸才和奴才。人才必须德才兼备。

人才与财富的价值

1. 世界人才战略

第二次世界大战结束前，罗斯福总统询问美国科学研究发展局局长万维瓦尔·布什："战争结束以后该做些什么？"万维瓦尔·布什提交了一份报告《科学技术——没有止境的边疆》，他声称："德国获得诺贝尔奖的科学家是美国的三倍，科技可以改变一个国家的整体实力。"罗斯福总统采纳了这个建议，这是他生平最有远见的决策之一。美国动用了大量的军力、财力、物力，组建了一支最精英的间谍特种部队，对德国进行了特殊间谍秘密情报活动。

美国和苏联同时攻入德国，为了战后发展都在占领区掠夺自认为最值钱的资源。当美国从远离本土万里的德国跨洋过海地把那些德国、意大利的优秀科学家战俘运回国时，美

国给予了这些战俘最高的待遇和安抚，使之为美国效劳。视重工业为国家发展重中之重的苏联，正集中精力抢运成千上万的机器和设备。两者对于国家未来发展重要资源的不同看法，导致了两个超级大国后来截然不同的命运。美国抢劫了别国的人才，苏联抢劫了别国的财富。不同的国家有着不同的政治、不同的文化，在历史舞台上扮演着不同的角色，演绎着自己认为最精彩的不同政治节目。由此，不同体制国家的百姓在台下观看着执政者的不同表演，同时也享受着不同的政治待遇、生活待遇。美国成为世界超级大国并非是偶然的，也不是因为美国人的天赋远超其他民族，而是因为美国实施不问种族、不分国籍的人才战略，成功地吸引到了全世界最多的顶尖精英人才，使美国成为了世界超级大国。为世界人才提供了广阔的发展平台，是美国走向富强的关键。

当年，钱学森遭到"麦卡锡主义"的迫害，返回中国。美国海军部次长丹尼·金布尔为留住钱学森，引用了中国元代马致远《汉宫秋》中"千军易得，一将难求"的至理名言，他说："钱学森无论走到哪里，都抵得上五个师的兵力，我宁可把他击毙也不能让他离开。"国与国之间的竞争，最终决定胜负的因素是人力资源和人才资源，而不是自然资源。超越竞争者的唯一方法，就是跑得比竞争者还要快！所以美国是人才精英全球化世界的领跑者，慧眼识英才，真正体现了人才战略。

由此可见，人才比财富更重要，财富可不断创造，精英人才是无可复制的，财富的价值取决于人才的价值。

2. 考核人才的标准

世上有两种大师：一种是人神共敬的真正大师，一种是客套语中的"客串"大师。英国人都知道莎士比亚，俄国人都知道托尔斯泰，德国人都知道歌德，中国人都知道鲁迅。这些都是世界罕见的精英，是真正的大师。越是时间流逝，越能凸显他们的博大与深邃；越是年代久远，光芒越加耀眼。北京大学原校长许智宏说："大学最关键的是应该培养更多学者，培育更多学生，一所大学何年何月成为世界一流并不重要，如果大学的土壤变得非常肥沃，总有一天诺贝尔奖会在中国出现。"

联合国教科文组织在关于教育的定义中就已明确："教育可能产生两种力量，一种是使人变好、变聪明的力量，还有一种就是使人变坏、变愚笨的力量。"科学家钱学森和大学者

季羡林在临死前最关心的就是中国的教育，教育的成功与失败决定着国家的兴衰与存亡。中国古代孟母"三迁教子"的故事从正面诠释了这个道理："近朱者赤，近墨者黑。"好环境的耳濡目染更有利于后代的成长，而恶劣的环境却极易断送孩子的成长，环境是一个人成长的关键。

改革开放30年的快节奏，也就是要以最有限的时间，去换取最为有价值的空间。因为上帝给予每个人一张身份证，每个人的一天都是24小时，为什么这个人成功而那个人没有成功，也就是在时间和空间的转换过程中有人创造了价值，有人没有创造价值。就好比现在的大学生，高分不等于高能，"好学生"和"好人才"并不是一码事。我们积累了雄厚的物质基础和精神积淀之后，追求的是更加高远的境界，不单单是为自己活着，而是为社会活着。在整个人生过程中，学校教育不仅仅为学生提供书本知识，还应该授予他们丰富的生活知识和生存技能。既要注重书本知识，又要注重生活知识和生存技能；既要注重知识的记忆和积淀，又要注重知识的创新和运用；既要注重知识的量化提高，又要注重人品的内涵和修炼。由此才能改变一个国家的整体素质、整体国力，教育的责任重大，可以影响一个民族的兴衰与存亡。老师要言传身教、严于律己，因为讲台上的教师是学生最好的榜样，老师自身必须具备丰富的想象力、创新思维、创造能力、好奇心和广泛的兴趣。教学生读书，更教学生做人，多注重培养学生的冒险精神和挑战能力，要培养好的人才，不要去培养坏的奴才。中国学生缺乏创造性思维，缺乏挑战权威的勇气，中国学生必须要成为更加主动的研究者、挑战者，而不是被动的接受者和顺从者。中国式教育缺乏创新人才的成长环境，严重地压抑思维，只知道老师和领导说的话都是对的。爱因斯坦如果不是怀疑牛顿的观点，挑战权威，也不会有创新。多培养学生发散性思维，堵截压抑性思维，这样学生才能德、智、体、美、劳全面发展。美国哈佛大学校长说："我们录取的是人才，而不是高分数。"培养好学生的综合素质、综合能力，培养出更多的社会精英，才是国家的财富。法国启蒙主义思想家孟德斯鸠说："一个知识分子的最高标准，也是最低标准，就是有勇气在一切公共领域中，运用理性，发出自己的声音。"知识分子不要"两耳不闻窗外事，一心只读圣贤书"，知识是为社会服务的。中国的教育，首先要考虑到中国的未来和发展的希望，不要到告别人世时才感到羞愧。

翻开《中国名人大辞典》，会发现班固一家人都被收录其

中。他的父亲班彪是著名的历史学家；弟弟班超是著名的军事家、外交家，继张骞之后出使西域，在那里待了三十几年；他的妹妹班昭是帮助班固写完《汉书》的人。他们拥有"有品德不贱，有学问不贫，仰无愧于天，俯无愧于地，行无愧于人，止无愧于心"的高尚品质。这样的一家人为后世留下了巨大的财富，体现了真正的人才的价值。

3. 从金融危机中反思

30 年改革开放后辉煌的今天，政府有责任让每个人都有房住，但没有责任满足人们对房屋的占有欲。居者有其屋，并非是人人都拥有房产，而是有房住。每个人都要清醒地摆正位置，已租房者，没有支付能力却非要去买房，恰如美国的次贷危机给世界带来的灾难，毋庸置疑是美国住房制度促成的。危机是对错误的交易方式、生产方式和生活方式的全面清算，对不合理的模式进行纠偏和修正。这次危机的根源可以归结为美国过度金融创新、过度消费、过度依靠贷款的总爆发。

人是没有绝对公平的，世界上的贫富也不平等，一个国家的整体富有是制度带来的，一个国家大多数的贫困也是制度所造成的。全球经济发展是不平衡的，最富有的国家之一卢森堡，2008 年人均 GDP 是 62298 美元（以平均购买力计算），最穷的国家之一塞拉利昂，2008 年人均 GDP 为 548 美元。人都有一双手，二者却相差 100 多倍。同样，在国内，上海在地图上是一个点，眼睛一眨就过去了，但这个点却诞生了中国 1/6 的财富。全国财政收入的 1/6 是上海缴纳的，其人口却只占全国 1%。全中国最有购买力的消费者大部分在上海。出现差别是正常的，发泄不能代替辛勤耕耘，只能掩盖懒惰的心理，要调整心态，及时反思，认识自己，超时快进。

新的制度、新希望，新的开始、新阳光，新的思维、新辉煌以及合理的制度才是推动人与财富发展的动力。

4. 人对幸福的不懈追求

安于贫穷的人，要么是哲人，要么是懒人。安于贫困并乐于贫困，需要超人的智慧与心境。

很多人都有勇气找一个自己爱的人，但却不懂得也没有勇气去找一份自己爱的职业。聪明的人懂得在平凡的岗位为国家做贡献，也懂得怎么利用职权为自己谋幸福，更知道如何巩固自己的权力和地位。从前，吃得饱、穿得暖就是幸福，有妻、

有儿、有一亩三分地就是幸福，但随着时代的进步，简单的物质已经满足不了某类人的需求，即使有房、有车、有亲情，他们仍然不满意。他们要得更多，贪得无厌，别人有的我要有，别人没有的我也要有，爱安静又怕寂寞，怕肥又爱美食，怕失业但又不爱工作。贪婪导致了目标的错位，导致了粗暴的态度，践踏着自己的生活和内心，一味寻求一种缥缈而遥不可及的梦想，沉迷于一种虚拟伟大的目标，极力寻求痴人说梦的虚构世界，而不是珍惜和感恩生活的赐予。

其原因在于，精神文明没有同物质文明一起进步。精神文明、道德境界提高了，扭曲的贪婪思想就会改邪归正，这是国家不可忽视的大课题。一个人的品质有多好，决定了一个人的心态有多好。心态好，事业成，不成也成；心态坏，事业败，不败也败。为人真诚，才能心想事成。

被温暖拥抱过的人知道温暖的可贵，而经过风霜的人对温暖更有一种特殊的渴求，那就是人对幸福的不懈追寻……人人都该想想过去、看看现在，要保持心态的平衡，懂得幸福来之不易。调整心态，感恩社会，珍惜改革开放后来之不易的大好局面。

5.财富的价值

历史的经验告诉我们，文化的发展要靠经济支撑，而文化不振，大好的经济发展也不会持续。学术发展是文化发展的命脉所在。资产的价值是财富，财富与资本相同。所谓的人力资源包括大脑中的知识，同样是一种资产。

中国社会趋于权力集中与财富集中，是时代在修改对与错的定义了。强势不一定永远强势，弱势不一定几代都弱。弱势不代表正义，也没有数据证明弱者更善良可欺；强势不代表幸福，因为他们在对抗斗争中时有牺牲。财富可能是勤劳的结果，也可能是权力腐败的象征。弱势要享受弱势的快乐，强势应得到强势的乐趣。蚂蚁有蚂蚁的快乐，大象有大象的幸福。如果蚂蚁总叹息命运的不公，总以为自己没有大象那样的身体与力量，那么蚂蚁永远是哀怨者。谁都不能永远英明，完美无不因时而易，美也有时限。没有最后的强者，只有一时的胜者，再强大的人也不可能在人生舞台上永远风光，到了落幕的一刻照样卸妆下台。

在人类的生存中，不同的社会有着不同的文化，不同的人有着不同的心态和修养。勤劳的人用有限的生命给社会创造无限的价值，无所事事的人整天在消耗社会财富，恶意炒

作的打击着他们仇视的目标。人的内涵不同，导致人的境界不同。吃大蒜的人和喝咖啡的人不是一个层次，通话频率也不在一个波段上。

金钱会给人们带来幸福，也会给很多的人带来灾难。钱就像人身上的血一样不断循环才能产生生命价值。如把钱存在银行，它会像棒冰一样蒸发；如把钱放在家中，它就像矿藏，有可能被别人开采或利用。

大自然早晨的阳光与清风，晚上的明月与星空，是世间无可比拟的美景，有多少有雅兴的人去欣赏，又有多少有修养的人能享受？可惜贪婪的人们总是要更多的权力、金子、银子和票子，到头来如飞蛾扑火一样前仆后继而丧生！

身上肉多不等于有力量，钱多不等于就幸福。金钱应回归原始的价值，每个公民务必要承担起社会责任。当你献爱心，将钱捐献给慈善机构用于救助弱者，你就是伟人；当一个人不懂得节制，任意挥霍，他就是俗人。一个大国的崛起，不单是经济上的发展，更需要政治、文化上的进步。建立正确的金钱和财富观念。要自尊而不自卑、自信而不骄傲。调整到沉稳低调的心态，才能海纳百川。

从古至今，一家企业能走多远，最终都是取决于战略思维有多高。

　　一个人对市场形势判断正确，足以反映他的水平和定位系统审视无误。一个人要使自身有价值，首先要使自己的大脑升值。财富的价值最终取决于人才的价值。

归属感

我们打电话的时候，常会听到对方不在服务区的声音。我们培育员工，培养的是一种文化、一种业务能力，培养的是一种信仰、一种精神、一种归属感。当员工没有归属感的时候，就会像电话发出的信号，他的心不在服务区，不能归心似箭，他会拖了你的后腿，他会毁了你的公司。

在工作中你可得罪忙人，因为他们没时间跟你计较，但你千万别得罪闲人，因为他们有足够的时间和你周旋。一个有归属感的人会使自己不断成长，成长是内心在历练中逐渐强大。所谓人生的归位是把一个人的修炼成果变成内心的风骨。一个没有归属感的人，整天稀里糊涂地生活，耽误了自己的前程，丧失了自己的人格，活着与死了没有什么区别。

要使一滴水不干涸，除非把它放到大海中去。一个有归属感的人，就像大海中的一滴水。

质量安全

　　一个企业的产品质量，就是企业员工知识、能力和道德品质的总和。质量安全是基础，是保障，是一个企业发展的生命线。质量安全就是要一丝不苟，就是要精益求精。质量安全就是科学，来不得半点马虎。

危机

我们必须开拓创新，天天看到不足，勤奋充电，向品牌型企业前进。

面临强手如云、危机四伏的市场，我们必须看清形势，坐正位置，居安思危。前留三步好走，后留三步好行。"千里之堤，溃于蚁穴。"李自成领导农民起义，称王称帝后，没有危机意识，疏于管理，组织松散，导致灭亡的教训值得我们牢牢记取。大象踩踏蚂蚁，有危机意识的蚂蚁可以从容躲开危机。

企业管理

管了有人理叫管理，管了无人理叫无理。管理是一门艺术，艺术需要的不仅是阅历和书本知识，还要有天赋、灵感和经验。

有些人天生就有一种管理才能，也有些人由于性格、脾气、心胸和气度等各方面的因素，即使把 MBA 的课程背得滚瓜烂熟，也永远不会成为成功的管理者。

当然读书多、学历高是件好事，但管理这门艺术不仅需要逻辑思维，更需要形象思维。数学上的 $1 + 1 = 2$，管理上的 $1 + 1$ 可能等于 3，也可能是负值。作为管理者读书只是打好基础。"师傅领进门，修行在个人。"

"国贫不足患，唯民心涣散，则为患甚大。行政之要，首在其人。"管理人不在多而在于精，"兵精而国强"。心愈大，

则愈贪。领导先自治，后塑形，先拔根，后剪枝。治大国若烹小鲜。如管理不善，那就是"细雨湿衣看不见，闲花落地听无声"。麻雀看蚕，越看越完。

台湾著名企业家王永庆有句名言："一群羊给一只老虎带，羊通通变成老虎；一群老虎给一只羊带，这群老虎通通变成羊。"这说明领导的思路决定企业的发展，也说明企业管理之重要。

制度

哈耶克曾说过："一种合理的政治制度，一定是适应人性的政治制度，而不是强迫改变人性的政治制度。"

制定制度只是开始，完善制度不可忽视。执行制度、贯彻制度才是有效管理。

国有国法，家有家规，公司有公司的规章制度。

然而制度只是一种有形的、刚性的管理手段。我们认为，人管人会管死人，制度管人会管住人。只有以人为本的、人性化的、融入企业文化的制度才能管好人，这是因为文化管人管灵魂。邓小平有句名言："好的制度能使坏人变好，不敢做坏事；坏的制度能使好人变坏。"

企业文化

　　管理好一个企业，要有一套健全的管理制度，但单靠管理制度是不够的，制度的目的是约束人。调动人的积极性还需要与制度相关的企业文化。

　　企业文化是企业制度得以贯彻的润滑剂。在市场经济条件下，稀缺资源都可以用钱去买，不管是商业秘密还是技术专利，却唯有一样资源例外，它就是企业文化。优秀的企业文化哪怕买主愿意出天价也买不回来，因为它是内生的。

　　一个绝望的组织，每个人既不抬头看路也不埋头拉车；一个卓越的组织，每个人都既会抬头看路也会埋头拉车；一个平庸的组织，只有领导者会抬头看路，其他人只会埋头拉车；一个失败的组织，每个人都争着抬头看路却没有人埋头拉车。

　　企业领导应该重视企业文化建设。物以稀为贵，人以品论高。在企业文化的滋养下，企业中的每个成员会热爱自己的企业。站得高，看得远，努力创新，积极工作，努力使企业永远立于不败之地。

企业家要善于用人

一个企业家用人应像将军指挥士兵打仗一样。企业家如果没有指挥能力，而是自己赤膊上阵，挥舞大刀直接与敌人拼搏，那场面很精彩，可打不了胜仗。

电视剧中常有企业家几经挫折，最后东山再起获得成功的情节，这给局外人欣赏是不错的，但在实际生活中，一个企业只要遭遇两次大的挫折，就可能走下坡路。电视、小说需要这样，可现实不能这样。企业家的责任是尽量避免自己的企业大起大落，争取顺利发展。要达到这一目的，企业家要善于用人，而不是靠个人的单打独斗。

《史记·高祖本纪》记载，刘邦定天下后说："夫运筹帷幄之中，决胜千里之外，吾不如子房。镇国家，抚百姓，给馈饷，不绝粮道，吾不如萧何。连百万之军，战必胜，攻必取，吾不如韩信。此三者，皆人杰也，吾能用之，此吾所以取天下也。项羽有一范增而不能用，此其所以为我擒也。"这段话对今日之企业家应有所启迪。

企业家的生存与命运

　　企业家原本的定义是人类发展道路上的冒险家，他们以自己的创新力、洞察力和统帅力不断在经济领域的结构内部改革创新，捕捉商机的革命突变，以铁一般的意志、义不容辞的精神承担起社会责任，解决社会就业，为社会创造财富。在任何一个国家，企业家都是社会的稀缺资源。

　　企业家忍辱负重，自加压力，奋勇拼搏，去做失败的人不喜欢做的事而经常成功。他们深知：超越竞争者的唯一方法，就是跑得比竞争者还要快！他们是企业的灵魂人物，代表着企业的形象，不断发挥自己内在的自信、热忱，保持进步，精益求精。他们以自己的感召力与震撼力去影响社会，用激励和有效的沟通来创造一个企业具体的绩效与企业文化，为社会创造一定的优质财富。

一个人想平庸，阻拦者很少；一个人想出众，阻拦者很多。不少平庸者与周围人的关系很融洽，不少出众者与周围的人关系很紧张。有一种人只做两件事：你成功了，他妒忌你；你失败了，他笑话你。那就是"木秀于林，风必摧之"。人生的意义不在于拿一手好牌，而在于能打好一手坏牌。中国有句古话："花未全开，月未圆。"这是人间最好的境界，花一旦全开，马上就要凋谢了；月一旦圆了，马上就要缺了。

在创业之初，电话铃声会带来生意上的机遇和希望，但时过境迁，企业发展到一定的时候，同样的电话铃响，他会惶恐不安："该来的真的来了。"企业的发展毕竟不是一帆风顺的。企业是企业家的命根子，企业饱含着企业家的酸甜苦辣、雨雪风霜，是他的血和汗铸成的，他必须不断精益求精，加强管理。旁观者只看到了他的凌厉与果断，却不知他内心在流血。企业家疲劳致死的事情时有发生。特别在中国，宏观环境的变化与企业家的命运休戚相关。从最早的年广久、步鑫生到后来的马胜利、牟其中，时代都曾赋予他们机会，但对形势的误判使其沦为历史的悲剧。德隆、铁本倒下就是前车之鉴。因此，企业家与其埋头苦干，不如抬头看天，领悟"天象之变"。再看 2004 年，38 岁的均瑶集团董事长因病去世，临死前床头

上还摆满了没有看完的文件。2010 年，江苏丰立集团公司 45 岁的董事长吴岳明以张家港"团结拼搏、负重奋进、自加压力、敢于争先"的精神，年产值超 300 亿元，为张家港市 GDP 立下了汗马功劳，年末却因疲劳过度，突发脑出血，经抢救无效，离开了人世。企业家的一生如同脱了缰的烈马，征战是企业家别无选择的承担社会责任的命运。2010 年，67 岁的优秀共产党员，张家港博爱医院院长为抢救一心脏病人，一天两夜没合眼，在 ICU 病房寸步不离，病人被救活了，他自己却因压力过大、用脑过度而大脑出血，生命岌岌可危。后经医院奋力抢救，才挽回了生命。他深知医院是一种社会事业，不是挣钱的机器。当一些打着赤脚的乡下人拿着写有"有酒有肉接远亲，突发病起要近邻"的锦旗跑过来感谢医院挽救了许多人的生命时，院长幸福地哭了，生命的意义被父老乡亲给点醒："提升人类的福利层次。"有了这样的标杆，也实现了一个企业家的价值。

同样是一个公民，同样发了一张身份证，人人都应该承担社会责任，人人都可当老板。一个小公司养了 5 个打工妹，那就是 5 个家庭的幸福；一个工厂解决了 50 个员工的就业，50 个员工的家庭看到了希望。有人会说："企业家不是体力劳动者，不用挖土方、扛石头，动辄宝马、奔驰，这是一般人都羡慕的生活，何来疲劳之苦？"可是，那种心累和压力有谁能理解呢？

改革开放至今，中国企业家30多年的经历已经证明，不论他们出身多么卑微，毕竟把中国从相对贫穷推向了全世界瞩目的地位。你不能说作为经济发展主流的中国企业家是一个落后的群体。他们的成就、失败，都是铸成辉煌的一个必要组成部分。因此，应给予他们高度的宽容，并且尊重他们的地位。希望代表先进生产力的中国企业家群体，能够带领这个国家的不同阶层，一起和谐地走向未来。

现代企业管理九字经

兵无常势，水无常形；人无远虑，必有近忧；看清形势，坐正位置，居安思危。这是每个企业家都该知道的。我们每个现代企业都是在市场经济大海中的航船，海上有滔天大浪，海底有漩涡暗礁。

"泰坦尼克号"这个庞然大物即使经过惊涛骇浪也没有被倾覆，却在冰山面前毁于一旦。同样，管理企业需要有危机感。我结合自己的实践学习《孙子兵法》，总结出管理现代企业的九字经，在这里抛砖引玉。

敬：人敬人，敬成人；人踩人，踩死人。每个人必须敬业，修己以敬，在其位，谋其政。尊敬了人家，就是庄严了自己。

谨：大酒乱性，小酒怡情。做事得谨慎小心，三思而行。敏于事而慎于言，如临深渊、如履薄冰。任重而道远，不断收敛自我，多一些理智，少一些冲动。面对复杂的问题，要有一颗平常心，要有好的心理承受能力。深山毕竟藏猛虎，大海终须纳细流。

诚："心诚则灵，意实则应。"交友贵雅量，要推诚守正，委曲含宏，而无私意猜疑之弊。诚实就是不欺人，不自欺，为人宽厚，待人宽容。要诚信于社会、诚信于同行、诚信于客户。人来到世界上，要回报社会、服务社会、奉献社会。诚信才会深入，付出才值得。因为我们每个人的生命都是同这个社会连在一起的，没有了诚信等于没有了生命，诚信是一个人、一个企业不可或缺的品质。

悟："山静养性，水动慧情。"要集思广益，兼听而不失聪。觉悟是身心方面修炼的结果，它透过纷繁的现象，廓清意识上的混沌，激发道德的潜能，将文字中蕴含的旨意化为行动，提升素质。让自己快乐的心成为阳光般的能源，去辐射他人、温暖他人。

势："仁者见仁，智者见智。"借势、造势、察势。借势，"狐假虎威"是贬义词，但狐狸虚心借助老虎的威势并充分发挥自己的智慧，实现自己的目的，实为聪明之举，应该褒扬。我们借人之力，借人之威，做有益于人民、有益于企业发展

的事，有何不可？造势，就是大张旗鼓地营造声势，宣传自己、推销自己。察势，就是知己知彼、知天知地，然后制定战略、策略。

度："进退两难心问口，三思忍耐口问心。"审时度势是一种智慧，它来自我们的人生阅历与个人体验。有些人能从自己接触的任何人身上学到东西，而有些人却不会从自己犯下的错误中吸取教训。这就是智慧的高低。

审时度势，做人要有气度，做事要大度，处理问题要有尺度。相信直觉，保持理性；透过平凡看到机遇，透过风险看到利好；在挫折中窥探曙光，在逆境中洞察希望。愚痴的人一直是别人度量的对象；有智慧的人却努力地度量形势、度量自己。功不必自己出，名不必自己成；功成身退，愈急愈好。

稳：老子云："知人者智，自知者明。"知人、自知，才能稳坐船头，观察局势，找出船在航海图中的位置，船要往什么方向去，前面有哪些暗礁，有哪些风浪，然后稳稳把握舵盘，选择正确的航道，破浪前进。

自知是一个人必备的素养，是一个人人生的智慧。自知是一种比智慧更高的境界，达到这种境界的人，才可能获得真正的自由。

"举世皆浊我独清，众人皆醉我独醒。"稳，才能战胜内心恐惧，充满自信，为了企业的目标持之以恒地努力拼搏。充满激情，激励自己去完成自己的梦想。步步登高，踏实行路，才能稳如泰山。

　　准："偏听则暗，兼听则明。"要把准时代的脉搏，具有高度的判断力和驾驭能力，高瞻远瞩，懂得管理的精髓和游戏的规则。保持清醒，约束自己，有自知之明，记取从前的教训，时时牢记"春天来了，冬天还会远吗？"做企业要像奥运会比赛的神枪手，百步穿杨，弹无虚发。

　　狠：狠的前提是要具有宽广的全球视野，知识全面，通晓专业和历练丰富。这样才能在纷繁多变的局势中狠下决心，做出正确的决策，并坚决付诸实践。

读《孙子兵法》感悟

　　《孙子兵法》十三篇始创于距今约两千多年的春秋时代，是被后人尊称为"兵圣"的孙武所著。它同时是一门帝王学，是企业管理的经典，也是一部人类文明的教典。它追求"不战而屈人之兵"，作为"善之善者"的最高标准，真是一位"自古知兵不好战"的典型。他的文章条理清楚，言简意赅，兼容了老子的幽玄性和孔子的现实性。其内容涉及政治、经济、军事、文化、社会、天文、地理等诸多方面，其中贯穿了既唯物又辩证的古代朴素唯物论。《孙子兵法》十三篇，首尾呼应，结构严谨，各篇都体现了《计篇》的指导理念，形成了古代无与伦比的军事科学体系，是当代世界各国所有军事院校的专业教科书之一。

　　读完《孙子兵法》的六千多字，感悟到两千多年前，这本著作不仅提出了许多卓越的军事思想，还贡献了为世人所称道的哲学智慧。如今它的适用范围更扩展到了军事以外，成为政治、经济、外交和人生等诸方面的指导艺术。其中，尤其是在经济管理方面所起的作用更为世人瞩目。

　　《孙子兵法》全书充满智慧，是智的凝聚，谋的浓缩。人们可以从《孙子兵法》中学到处理人事百端的策略手段，掌握摆脱困境的行为方法。在对人生积极的探索中，人们可以从中汲取有益的营养。每个人学习《孙子兵法》后都会受益匪浅。

创新要有扎实功底

　　我们必须自主创新，不创新就会山穷水尽，创新了就会柳暗花明。

　　创新的基础是扎实的业务功底。很难想象一个对五星级服务没有真实体验的开发商能为业主提供五星级物业管理服务，一个对品牌产品没有使用经验的人能在楼盘上创出品牌，一个对前卫的生活方式没有体验的人能真正创造出满足新生活的家庭装潢。没有体验谈何创新。

服务与产品

　　每一个员工都要搞清企业服务对象究竟是谁，企业的职责是什么。

　　企业的每一个员工都要有社会责任感，要有与企业共存亡的精神，把困难当作一种挑战，而且要进行自我挑战。

　　我们搞企业不是卖资格，不是卖权力，而是在卖服务，卖产品。我们离客户越近，离竞争对手就越远。我们要让客户了解精品、欣赏精品、渴望精品、拥有精品和享受精品。关键是我们要开发精品、生产精品、推销精品、宣传精品和弘扬精品。

精品

当品牌成为艺术品时，人们才会被它深深感动，从而不离不弃，一生相随。

精品是人类的追求和向往，是未来开拓的新潮流。现代的精品建筑，是一种凝固的音乐，是一幅恒久的立体画。它在千姿百态的大自然中，能美化视觉、震撼心灵。

咖啡是醇香的，美酒是浓情的，音乐是浪漫的，微笑是温馨的。我们建造的顶级精品建筑闪烁着独特的神秘光芒，现代的风格充盈着高品位的文化艺术气息。它似咖啡、似美酒、似音乐、似微笑，您细细品味，就会感到醇香、浓情、浪漫和温馨。

市场经济

中国著名的经济学家吴敬琏说:"市场经济的基础是市场交易,市场交易是自主交易,授命交易就不是自主交易。"

市场经济的本质是法治经济,行政权力必须在法律和制度的框架内运行,市场经济就是由市场对资源配置起基础性作用。社会主义条件下和资本主义条件下的市场经济具有以下共性:承认个人和企业等市场主体的独立性,建立具有竞争性的市场体系,由市场形成价格,建立有效的宏观经济调控机制,遵循经济法规。

任何一个市场经济都是由真实需求和投机需求共同组成的。市场经济也就是由相互支付、相互认可而构成的一种自愿的交换方式。首先,市场经济遵循丛林法则,奉行优胜劣汰。作为一次分配,更注重效率而非公平,因此一定程度上必然

导致个人财富与资源分配的不均。在市场经济中，收入差距本身是一种激励机制。如果干好干坏结果都一样，那就丧失了激励机制，计划经济下的工厂就是这样，苏联的钢铁工人曾经总结出一句名言："工厂假装给我们发工资，然后我们假装去工厂上班。"

贫穷不是社会主义。当年"四人帮""宁要社会主义的草，不要资本主义的苗"的谬论一度把中国经济推进了死胡同，是邓小平睿智地指出："贫穷不是社会主义。"从而将死路变成活路，从计划经济走向市场经济。先富是实现共富的捷径，但是要求所有人、所有地区同时、同步、同等富裕是不切实际的，否则就是搞平均主义，吃"大锅饭"，其结果只能是同步贫穷、同等贫穷。只有让企业解决就业，承担更多的税收义务，来平衡社会弱势。有了资本才有主义，这是天经地义、无可厚非的必经之路。

在市场经济中，在现代经济领域里，存在着管理者与被管理者的关系。市场经济赋予每个人管理别人的机会。谁能掌握市场经济的游戏规则，谁就可能成为管理者；不能掌握市场经济的游戏规则，那就可能被别人管理。

做一个顺应市场经济的人物，就要衡量自己的实力和周围的环境。作为被管理者，往往觉得风险有老总承担，自己可旱涝保收。要知道老总领导你，也就是老总在重用你。被人重用，你才能真正实现个人价值和社会价值，要让老总重用自己，就应争取被重用的机会。员工为公司贡献得越多，公司才能回报员工越多。

现代市场经济的一个重要指标是理性化程度，不分对象、恩惠性质的福利政策不是市场经济行为，主次不分的福利行为会造成集体懒惰、腐败，致使社会倒退。经济科学也是社会科学，社会科学最基本的一条是要以社会自组织作为运作的管理基础。经济的自组织会自我完善，自我纠正，自我发展，对经济的干预是对自组织基础平衡的破坏。为什么要市场经济？因为市场经济是遵循自组织规律来发展的。为什么要减少政府有形手的干预？就是要确保自组织规律不被破坏。

商道

常言道："做事不如做势。"踩准趋势节拍，顺势而动，顺势而为乃是做企业的首要前提。顺应形势才能调准方向，而找对方向远比埋头赶路更重要，要不然方向一旦搞错，则南辕北辙、适得其反，馅饼就会变成陷阱。就调整方向而言，我认为比找准方向更重要。与其苦苦"逆天行道"，终究"落花有意，流水无情"，还不如顺势而为，才会"无心插柳柳成荫"。

所谓商道，即战略、策略、商业模式、运作方式等。战略的一大基因是创新、再创新，而最重要的就是在吻合形势的前提下，找到具体而清晰的市场需求，同时适合企业自身的能力。所谓"商机无限，道法无边"、"条条大路通罗马"，关键在于企业如何找准自己通向"罗马"的捷径。否定昨天需要勇气，谋划明天需要远见。道，善用者得力，滥用者乏力，非工具之功过，乃人谋之深浅。正确的道既要源于对未来的判断，又要源于对过去的理解，还要吻合未来潮流，更要适合企业自身禀赋与发展模式。坚定不移，勇往直前。

道如果先天不足，那么再好的术也无济于事。然而另一方面，即便道天衣无缝，若无精良的术与之相匹配，道也沦为空中楼阁。比如经营方式多元化与专业化，多元化可以适当分散经营风险，一旦其中一项出现问题，也会引发连锁的风险。专业化的弱点如没有踩对时代节拍，专业化就会成为企业成长的杀手。

再如，高负债经营还是低负债经营，前者本质上属于空手套白狼，一旦搏成功，便是"四两拨千斤"，而一旦失败即满盘皆输。做企业有时靠的是圈子和人脉，马云没有阿里巴巴，照样能拎起电话让千万美金三天内到账。牛根生挥泪"万言书"，得知心好友柳传志"拔刀相助"才缓解了蒙牛危机。圈子无疑也是生产力，但毕竟生意好做，伙伴难找。"没有永远的朋友，只有永远的利益。"柯达、诺基亚也都曾是龙头老大，今天怎么就轰然倒塌了？业内将矛头指向企业家的战略失误，但柯达、诺基亚的没落又岂是企业家一己之力所能拯救？柯达之死源于数码时代对胶卷相片的肢解，诺基亚的倒下是错

判移动互联趋势的"恶报"。行业在技术突破、模式创新下自有生死循环。商业革命既是代价也是矫正。只有看清形势者才能在风浪中崛起。比尔·盖茨利用互联网的技术革命成就了微软，与其说"英雄创造了时势"，不如说是"时势造就了英雄"。即便没有比尔·盖茨，也总会有人站在这一历史的拐点，幸运的是比尔·盖茨恰恰抓住了这一机缘。同样，中国企业界的崛起不单是托中国崛起的洪福，也因中国赶上了世界性的大机遇。从国内因素看，若非邓小平南行谈话的英明决策后改革开放的大势，邓小平三评"傻子瓜子"这一标志性事件既扭转了年广久个人的命运，更成为市场化改革如沐歌般行进的序曲，由此才有了中国企业家的崛起，这印证了李嘉诚那句"小富在人，大富在天"。企业家的命靠的是时代的土壤，形势与环境的缘分。

有时政商结合，尚德在政府的大力扶持下成就了宏图伟业，却也正因为财政补贴等使其陷入脱离市场的疯狂。结果光伏产业梦碎，穷途末路的又岂止这一家。政府也将为这一烂摊子付出惨重的代价。真可谓"成也萧何，败也萧何"。褚时健的"老骥伏枥"能在百折不挠中重出江湖，说明企业家的命运沉浮可谓"人生如戏，戏如人生"。政商道不同，利在任可谋，但若关系破裂，强大的行政干预让政府可以决定企业家的生存命运，因而，政商离不开，却也靠不住，刺猬取暖，保持距离的敏感才是关键。

很多成功者把偶然的成功当作必然的规律，把时势造英雄误以为自己就是英雄。世界上没有常胜的将军，更没有常胜的企业。在新的时空坐标中，往往是胜者为王，败者为寇。企业发展顺时常会被社会称赞，企业家精神，英雄主义，大胆果断，把正脉搏。反之，当企业滑坡时，命该如此，人才变成蠢材，无所作为，求神拜佛，希望能"时来运转"。很多企业家做到后来，从无神论者变成宿命论者，从中可折射出做企业的艰辛、无奈、回天乏力，甚至是欲语还休的沧桑。

企业之路是无限之路，一个谨慎的企业家会太谨慎，一个冒险的企业家会太冒险，一个靠技术起家的企业家只重技术，一个靠关系发展的企业家只搞关系，这是不少企业家的错误逻辑。企业中道与术的逻辑必须是看清形势、坐正位置、居安思危。曹雪芹《红楼梦》第七十回说："好风凭借力，送我上青云。"掌握商道，顺势而为，才能运筹帷幄。

第三辑　处世与为人

先天下之忧而忧，后天下之乐而乐。

——范仲淹

世界上最聪明的人是最老实的人，因为只有老实人才能经得起事实和历史的考验。

——周恩来

艺术人生

    人类离不开艺术。狭义的艺术是指用形象来反映现实，但比现实有典型性的社会意识形态，包括文学、美术、音乐、戏剧、电影、曲艺等。这里所说的艺术是广义的艺术，指富有创造性的生活方式和方法。艺术需要智慧、灵感和天赋，它能给枯燥的人生带来欢乐，给人们带来启迪。艺术描绘了大自然的精彩灵秀，牵动着人们的心弦。艺术是推进社会和谐的智慧结晶，艺术能创造出一种全新的生活态度与价值观。艺术家通过艺术创作来表现和传达自己的审美感受和审美理想，欣赏者通过艺术欣赏来获得精神上的美感，并满足自己的精神享受和审美愉悦的需要。从古至今，人们一直把崇高的人生艺术境界作为永无止境的目标。

    真诚是一切美德的起源，去伪存真需要长期的修炼，"精诚所至"是"金石为开"的必要前提。季羡林先生有句名言叫"假话全不说，真话不全说"。如果"真话不全说"属于人生的智慧艺术，那"假话全不说"就是道德品质已修炼到炉火纯青的境界，属稀有的正人君子了。用说假话来忽悠，求得生存，将会被时代所鄙视，所淘汰。

实事求是是人生艺术的载体。实事求是从某种意义上说，是术而不是道，是方法而不是目的。

画：画得太满就没有了二度创作的空间。

爱：说得太滥就没有了感动的余地。

情感：填得太满就没有了深深赏玩的余韵。

留白：不是偷懒，也不是放任，而是欲擒故纵、欲扬先抑的大智慧、大境界。留白之功非一朝一夕可得，必须经生活长期的积淀与提炼。

艺术创作如此，感情生活更是如此。爱情需要的不是甜言蜜语的堆砌，而是内涵、修养、魅力的吸引。适当的留白，会让心灵更加灵动和细腻，一味地填塞往往会弄巧成拙，适得其反。留一点遐想与空间，才是人生艺术中的最高境界。

思想家、哲学家梁漱溟先生说过："假使把人类文明归结为三种类型，即以理智为特点的希腊文明，以伦理为特点的中国文明和以宗教为特点的印度文明，那么，在人类社会的发

展进程中，三者将会逐次繁荣，轮流主宰世界，先是希腊文明，再是中国文明，后是印度文明，现在的世界正处于第一个阶段。我们国家的忍耐、包容、大度属理智的文明，是人生艺术的最高阶段。"

《天方夜谭》是世界著名的阿拉伯文学经典，它描写了一个勇敢、智慧、美丽的姑娘山鲁佐德给萨桑王国国王山努亚讲述一千零一夜的故事，她用智慧与爱的艺术，让国王洗去了阴霾，使国王懂得了感恩、赞美和微笑，改变了他仇恨女人的心态。有悬念就有期待，有期待就有美丽的希望，这何尝不是人生的艺术？山鲁佐德的自告奋勇，机智有方而又卓尔不群的品格，给后世留下了历久弥新的浪漫回味。

艺术让人成就自己。"高山流水"得知音，"伯牙善鼓琴，钟子期善听"。美的音乐能给人们带来喜悦和感动，能散发出无限的激情。音乐是一种态度，一种思想，更是一种特殊的艺术，在分享思想的同时也实现了感情的交流和沟通，无形中提高了人生的精神境界。世界上什么都会枯萎，而艺术是经久不衰的，永恒的。

人生是一条漫长的路，每个人的人生都有不同的遭遇，遭遇是人成长的最大动力，把人生的坎坷伤痛化为一种必须成功、不能失败的毅力。"苦难是金"，物不经冰霜则生亦不固，人不经忧患则德惠不成。活在掌声中的人是经不起雨雪风霜的。

　　人的高贵品质来自道德修养，即教养、素养、涵养等。品位和气质来自内心长久的培育，文化的熏陶让人生充满喜悦感动，这些一起构成了人生的艺术。拥有包容的爱心和一双善于发现生命精彩的慧眼，优雅风姿、绰约韵味则由内而外焕发。艺术中的对比与和谐相互交融，让人感受一份宁静与惬意，正是化解烦躁的灵丹妙药。卓绝的成就能轻而易举，在老道的政治、幼稚的经济面前表现为人生长期修炼的功底。上帝永远不会眷顾没有准备之人。灿烂艺术人生，从你我开始，从我们的内心长期修炼开始，通过内在高贵为自己树立外在形象。这样，艺术的人生就不再是遥远的梦想。

真实的人生

    大海如果没有壮阔的波澜就不能称之为大海，人生没有苦难挫折就不是完美的人生。玫瑰花很香、很漂亮，却因为有刺才会更令人仰慕。正因为天上不会掉馅饼，生命的意义就是要不断拼搏，这才是真实的人生。

    天外有天，人外有人。淡泊明志，宁静致远。权力是一时的，金钱是身外的，身体是自己的，做人是长久的。

    真实的人生是不含有任何欺骗色彩的人生，不能为达到自己的目的而不择手段。要诚实，不卑不亢，宽容豁达面对人生。

    顺其自然，不能轻狂、盲目承诺，要言而有信。种下行动就会收获习惯，种下习惯便会收获性格，种下性格就会收获命运——习惯造就一个人。能够认识别人是一种智能，能够被别人认识是一种幸福，能够自己认识自己才是圣者贤人。

充分认识自己，人人皆有弱点，有弱点才是真实的人生。那种自认为没有弱点的人，一定是虚荣、浅薄的。那种众人认为没有弱点的人，多半是虚伪的。

人生皆有缺憾，有缺憾才是真实的人生。那种看不见人生缺憾自以为完美之人，或者是幼稚的，或者是麻木的，或者是自欺的，更是愚昧自大无知的。把自己扮成永不卸妆的演员，那是会累死的。

要成为一个真实的人，不妨向古希腊的思想家、哲学家苏格拉底、柏拉图、亚里士多德他们学习。他们为提高人类的思想水平、为传播智慧和真理而呕心沥血，他们用毕生的精力来挽救祖国的命运，来研究人类需要面对的问题：什么是正义，什么是非正义；什么是勇敢，什么是怯懦；什么是诚实，什么是虚伪；什么是智慧，什么是愚昧；什么是国家，具有什么品质的人才能治理好国家，治国人才应该如何培养等等。苏格拉底说："我知道我一无所知。"实际他心中有神的全知。有的人把一知半解当成了全知，归根到底就成为无知。比如，德国的务实制度文明与科技发展造就了今天的辉煌，也离不开大哲学家康德，他继承与吸取了古希腊哲学的精华，

并创建了居于世界领先地位的哲学体系及哲学思想，直接推动了世界哲学科技的发展。随后，马克思又创建了科学社会主义学说。他们不懈努力，创建了一种真实的人生，为人类文明导航。

地球在宇宙中只是一粒小小的微尘，人生在历史上只是一瞬间。在短暂的生命中，应好好体会生命的美妙，做一些力所能及的事情，用真实的人生来感谢我们的时代，报答我们的祖国。

经营人生

"莫道桑榆晚，为霞尚满天。"

"少年如戏文，老年如字典。"

皱纹不过是表示有过笑容的地方，年轻人是春天的美，老年人则是秋天的成熟和坦率！

诗人臧克家在一首纪念鲁迅的诗歌中写道："有的人活着，他已经死了；有的人死了，他还活着。"

在一个商业社会中，需要经营的不仅仅是企业，还有我们的人生。

关于经营人生，有这样两句话："生意好做，伙伴难找。"也有这样的一句歌词："朋友多了路好走。"于是我们更急着把每一个刚刚结识的新面孔叫作朋友，将其融入自己的关系圈。但《美国社会学评论》最近刊发的一项调查报告结果显示，

现代人真正的朋友越来越少，1/4 接受调查的人，甚至认为没有任何人值得信任。随着生活节奏的加快，社会的浮躁和功利，人与人之间有着太多分不清的是非真伪，以至于我们对"朋友"的称谓产生了畏惧。

中国第一个乒乓球世界冠军容国团说："人生能有几回搏。"人生就像一个旋转的大舞台，每个人都应找到适合自己的位置。人是需要激情的，对自己的生活要热爱，寻找自己生活的位置，要像人在饥饿的时候寻找食物一样。走到成功的时候，也未必就要贴上时尚的标签。人要淡泊，要谦和，如果只爱钱、爱面子，人就会快速变老，越活越呆。中国人怕穷，忧患意识强，所以有机会就拼命挣钱。挣钱要有所节制，健康和生命是不能无限挥霍的，要珍惜生命、放宽心态。

走正确的路，做正确的事。前者提供人努力的方向，后者告诉人可行的方法。方法只能帮人走得更快、更稳，而方向则告诉我们该走向何方。一个人在前进的道路上应经常"盘存"和"清点"自己的"才能仓库"，看看自己拥有什么，失去了什么，还缺少什么。竞争优势使得衰退期越来越短。一个高薪者若不保持学习和进步，很快会跌入低薪之列，人才处在不断折旧之中，而学习是防止人才折旧的最好办法。知识虽然不是万能的，但没有知识是万万不能的，改变自己叫自救，影响别人是救人。人生就是这样，一个人只有被社会所用才具有真正的价值。

　　爱情是人类永恒的主题。在人生的经营中，爱情更是不可缺少的部分。事业再成功，爱情没经营好，也只能说成功了一半。爱情是彼此对灵魂与肉体的一种追求和渴望，是不含有任何交易色彩的相互给予、相互体贴、相互关心、相互欣赏的互动。它的美丽即在于无私和浪漫，也在于心心相印、白头偕老的恩爱。人生应该给自己的心灵留一方净土，给生活留一个梦想，给未来留一丝微笑，给岁月留一份厚礼，给人生留一季花香。

　　社会的成功人士，在埋头苦干的同时，还在不断增强阅历和增长知识，提高创新能力，为自身的全面发展而努力。同遮不同柄，富贵全在勤。三分天注定，七分靠搏拼。世事无绝对，爱拼才会赢。

　　当你为青春将逝而惶恐的时候，应快速积累自己的阅历、财力和社会关系。当再也不能靠年龄取胜的时候，有的人自然被淘汰了，而有些人能跃上龙门，一鸣惊人。"凡事预则立，不预则废。"怎样经营好自己的人生，你喜爱的工作是否能陪着你到老，那全看你自己了。美好的人生并非来自偶然。

从鹰的蜕变启示人生

　　在这个"弱肉强食"的社会里，有天之骄子也有弱势群体。改革开放大转型时代的中国社会造就了少数富人的传奇，同时也造就了一大批中产阶层。中国用 30 年改革赶上了西方300 年的发展，难免容易陷入短期平衡替代长期结构的平衡。但市场经济遵循丛林法则，奉行优胜劣汰，而导致效率非公平、个人财富与资源分配不均的差距。中国的进步是有目共睹的。落后就要挨打，改革的大方向始终是正确的，世界上最优秀的国家也是靠长期奋斗出来的。

　　TCL 的董事长李东生讲过老鹰蜕变的故事。老鹰是世界上最长寿的鸟类之一，它的寿命可达 70 多岁。但要活那么长的寿命，在 40 岁时，它必须做出困难却重要的决定。因为当老鹰活到 40 岁时，它的爪子开始老化，无法有效地抓住猎物；

它的喙变得又长又弯，几乎碰到胸膛；它的翅膀变得十分沉重，因为它的羽毛长得又浓又厚，使得飞翔十分吃力！它只有两种选择：一、等死；二、历经一个十分痛苦的蜕变过程——150天漫长的操练。它必须很努力地飞到山顶，在悬崖上筑巢，停留在那里，不得飞翔。老鹰首先用它的喙击打岩石，直到喙完全脱落，然后静静地等候新的喙长出来。然后，它要再用新长出的喙，把趾甲一根一根地拔出来。当新的趾甲长出来后，再把羽毛一根一根地拔掉。五个月以后，新的羽毛长出来了，老鹰开始飞翔。重新再过得力的三十年岁月！

改革者必须做出牺牲，不变革的风险远远大于变革的风险，坐以待毙是庸人的选择。只有改革开放我国社会才能快速发展，在不断的新陈代谢中，人民的思想也随着不断发展而升华，人民的幸福指数不断提高，从而从贫困走向小康。

几千年历史的证明，社会的发展必须经历一个漫长累积、奋斗的过程，没有长期的艰苦，心怀大志梦想一飞冲天，留在身后的总是一身羽毛。振翅高飞往往是希望不等于结果，理想不等于现实，只有站得越高，看得才越远。

我们要在务实中探讨事物的内因，急功近利，漂浮在虚虚实实的幻境里会给自己带来伤害。坦荡地活着才是诚实做

人的本质。成功的人有很多很多成功的理由，失败的人有很多很多失败的无奈，我们要学习鹰的蜕变以及鹰的敏锐捕捉动态物体的眼光和能力，来启迪自己的人生。

人生价值的真、美、知、善

做好人，靠的是一颗善良的心，做老好人，靠的是一张善变的脸。

教养是所有财富中最昂贵的一种，做一个有教养的中国人比做一个有钱的中国人更为重要。

人格价值：即对任何人，不管是老人，还是小孩，不管是卑微还是显贵的人都很尊敬，不藐视别人。

自我价值：自尊，自爱，自强，自立。

社会价值：人来到这个社会，对社会做出了多大贡献。要在人生道路上实现自己的梦想。

人生要求真：以真诚对待他人。

人生要求美：以美丽装点世界。

人生要求知：以知识带动文明。

人生要求善：以宽容敬重生命。

一个人在社会中的个人价值，就是要有所作为，个人价值存在于对事业的追求中。一个人如满足于戴着胜利者的桂冠，他的价值会向负数靠近。一个道德品质修养到了一定境界的人，心态是柔软的、润泽的、有弹性的，令人愉快喜悦的。一个个性良好的人，也一定是低调的、谦逊温和的，让人如沐春风的。

人的一生，选对老师，智慧一生；选对伴侣，幸福一生；选对环境，快乐一生；选对朋友，欣慰一生；选对行业，成就一生。

人之相惜惜于品，人之相敬敬于德，人之相交交于情，人之相拥拥于礼，人之相信信于诚，人之相伴伴于爱。

人之最：健康是最佳的礼物，知足是最大的财富，善良是最好的品德，关心是最真挚的问候，牵挂是最无私的思念，祝福是最美好的话语。

学会欣赏自己

拥有梦想只是一种智力，实现梦想才是一种能力。

学会自己欣赏自己，自我陶冶情操，净化心灵，这等于拥有了获取快乐的金钥匙。欣赏自己不是孤芳自赏，欣赏自己不是唯我独尊，欣赏自己不是自我陶醉，欣赏自己更不是固步自封。

人生是如此的短暂，哪有心思去浪费它呢？有智慧的人曾经说过："大街上有人骂我，我是连头也不回的，根本不想理会这个无聊之人！"我们既不要去伤害别人，也不要被别人的批评而左右。自己的伤痛自己清楚，自己的哀怨自己明白，自己的快乐自己感受，不要总疑春色在人家，关键在于心态的调整。讨好每一个人是不可能的，也是没有必要的；讨好每一个人，等于得罪每一个人，刻意去讨好别人只会使别人

产生厌恶。亲近别人要自然，"投机"心态要改变。有时间去讨好，不如踏踏实实做好事，讨好别人是短暂行为，实实在在才是真。也不要终生寻找所谓别人认可的东西，因为那样会永远痛失自己的快乐和幸福。庸俗的评论会湮灭自己的个性，世俗的指点会让自己不知所措。但丁说得好："走自己的路，让别人说去吧。"

　　我们往往无法去改变别人的看法，重要的是自己要相信自己。自己给自己多一点快乐，自己对自己多一点微笑。抛弃怨恨和叹息，学会寻找愉悦的心情，快乐地欣赏自己。

感受生活

　　古人刘禹锡《陋室铭》云："山不在高，有仙则名；水不在深，有龙则灵。"我认为，书不在厚，有味则馨；言不在多，醒世则经。

　　人的一生，可以相信别人，但不可以指望别人；错误可以犯，但不可以重复犯。路是一步一步走出来的，情是一点一点换回来的，人生就是这样一页一页真实翻过来的。常与高人交往，闲与雅人相会，乐与亲人分享。悲观者说人生是一杯苦酒，乐观者的感受则是一杯香槟；悲观者说人生是一杯清水，乐观者的感受则是一杯甘露。生活就像航行了一生也没到达彼岸，也许攀登了一世也没登上顶峰。但是，触礁的未必不是勇士，失败的未必不是英雄，奋斗了就问心无愧，奋斗了也就感受到了人生的壮丽。

忙碌是一种幸福，让我们没时间体会痛苦；奔波是一种快乐，让我们真实地感受生活；疲惫是一种享受，让我们无暇去感到空虚。亲情就是一砖一瓦搭成的家，友情就是淡淡的清茶，爱情就是一幅美丽的诗画，人生就是一段故事的表达。

一个人来到社会上不应该为做过了什么而后悔，而应该为没有做过什么而遗憾。生活得最有意义的人不是在世界上活得最长的人，而是对生活充满自信而最有感受的人。俗话说：家常便饭吃得长，粗布衣裳穿得久。毋以己长而形人之短，毋因己拙而忌人之能。把意念沉潜得下，何理不可得；把志气奋发得起，何事不可为？放得下功名富贵之心，便可脱凡；放得下道德仁义之心，才可入圣。知足常足，终身不辱；知止常止，终身不耻。不贪权，敞户无险；不贪杯，心静身安。滴水石穿，非一日之功；冰冻三尺，非一日之寒。

人的一生，明悟说话的方寸，顿悟人生的浮沉，命运由自己控制着年轮，拼搏是成长的灵魂。勤奋是一切的根本，付出才会收获灿烂的人生。活着就是福气，就该珍惜。当我哭泣没有鞋子穿的时候，我发现有人却没有脚。逆境是成长必经的过程，能勇于接受逆境的人，一定是自信而对生活有深刻感受的人。

信仰是幸福的精神支柱

信仰是极度的尊崇和敬仰，是信念的坚守和身心的皈依。信仰是人对人生观、价值观和世界观的选择和坚持，是一种寄托和希望。有共同信仰的人志同即道合，道合则事成。

在一个漆黑的屋子，当我们打开电灯的一瞬间，黑暗就不存在了，所以我们应该做的事情就是带给这个世界多一份光明和正面向上的力量。这就是信仰。在这里不需要更多的语言，需要的只是闭上我们的眼睛静静地去想。

有本杂志采访了美国华尔街最有钱的一百个老板，超过九十人觉得不幸福。同时这本杂志采访了一百个露宿街头的印度人，超过九十人说他们很幸福。幸福，不过是一种妥协。懒惰和迟钝的人，是比较幸福的，他们不愿意努力去寻觅，不会想得太多，少了痛苦和失望，却赢回了轻松和快乐。幸

福虽然与物质有关，但精神感受更是不可忽视的。胡启立在论述做人和树立信仰时说：世上公道、正义和信仰自在人心。位高权重，万人仰视，可以得到热烈的掌声和客气的笑脸，但不一定得到发自内心深处的尊重和水乳般的交融；亿万家财，富可敌国，可以买到香车宝马，豪宅盛宴，却买不到知识、品德和人格；哗众取宠，表演作秀可以哄人于一时，但换不到真正的信任、信仰和爱戴。

　　一个国家、一个民族，缺什么也不能缺信仰。在人的生活中，金钱不是万能的，没有金钱是万万不能的，但仅有金钱也是不行的。有四种东西是买不到的：婴儿的笑，上天堂，逝去的青春和好女人的爱情。拜金主义只会让人堕落，金钱的泛滥能使信仰沉睡，官场的庸俗能使理想失色，逐利的失信能使社会畸形，蔑视理想的拜金主义会渗透损害我们社会的健康肌体。

　　在全社会中张扬理想、重塑信仰，建立和倡导一种高尚的社会公德，去和腐朽低俗意识作斗争，是摆在我们面前的艰巨任务，所有中国人都应为此而努力。中国人的精神信仰是不能"死机"的，应当早些激活才能成为幸福的精神支柱。

生命

唐代文学家韩愈在《进学解》一文中说过："业精于勤，荒于嬉；行成于思，毁于随。"

原清华大学副校长胡启立先生把人生与生命解析得淋漓尽致，他说："人生如旅。人的生命是一个既长又短的过程。人，生而平等。无论是达官显贵还是布衣百姓，是豪商巨贾还是贩夫走卒，并无高低贵贱之分。然而，人各有志。道不同，志不同，便形成了各自不同的生命轨迹，从而使具有相同生命的人，人格有高低之分，人品有好坏之别，人性有善恶之辨，人生有成败之论。"

生命是一篇小说，不在长，而在于精彩和充实。

信念引导人走向未来，从而成就理想的人生。强者从逆境中找回自信，弱者从自卑中丢失自己。人要承担生活带来

的困苦与磨难，也要享受生活赐予的快乐与幸福，把自己平凡的生命活得不平凡。你不能控制别人，但可以掌握自己；你不能预知明天，但可以利用今天；你不能样样顺利，但可以事事尽力；你不能改变自身固有的容貌，但可以展现笑容。要有自我的个性，也要有随众的灵活性。

我们不能选择时代，但可以选择自己、深化自己，让自己活得更有价值和意义。

世界上有两种人：索取者和给予者。前者也许能吃得更好，但后者绝对能睡得更香。不要只看到别人的污点却看不到自己内心的垃圾。幸福不在得到多，而在计较少。每一天都是做人的开始，每一时刻都是自己的警惕。有生命质量的人就是能宽容与悲悯一切众生的人。

在我们的生命里要学会聆听。聆听是一种智慧，聆听是一种内涵，聆听是一种修养，聆听是一种境界的升华。学会聆听，尊重了人家，同时也就尊重了自己。

在我们的生命中还要学会宽容。宽容是我们生命里不可缺少的课题。有人认为宽容是对他人所作的一个恩惠。其实，当您学会宽容，当宽容变成了你无法分割的品质的时候，最大的受益者不是被你宽容过的人，而是你自己。所有对他人的宽容，归根结底是对自己的一种宽容。当我们宽容了那些不懂得宽容的人时，我们自己才算真正懂得了什么是宽容。当你的宽容是为了达到某种目的时，宽容也已经失去意义了。

在我们的生命中更需要懂得感恩，感恩是一种处世哲学，是对社会关系的正确认识。

感恩不需要冠冕堂皇的装饰，更不需要惊天动地的闪耀。我们要感恩改革开放给国民带来了无限的幸福，感恩赋予我们生命的父母，感恩给我们知识的老师，感恩给我们提供条件实现自我价值的企业，感恩、帮助、关心和爱护我们的那些人，感恩我们的祖国，感恩大自然……感恩地活着，放开你的胸怀，让霏霏的细雨洗刷着我们心灵的污染。只有这样，你才会发现我们生命中的世界是如此的美好！

走运与后悔

　　脸红一阵子，安全一辈子；侥幸一下子，后悔一辈子。人们有时会走运，并因走运而高兴；人们经常会后悔，常因丧失难得的机遇而后悔。运气不能持续一辈子，能持续一辈子的只有你个人的自信、努力和能力。

　　"非常"时代，上海的王洪文从一个保卫干事变成了国家接班人。从常人的思维看是天方夜谭，在数千年官场中是稀有的走运。天上掉下的馅饼让这位草头王极度狂欢尽兴。但其位不正，命不顺，不懂得节制的肤浅小人背离了党，背离了人民，成了历史的罪人，走进了牢狱，谋取的走运换来了后悔莫及。

　　古时候八十万禁军教头林冲走运娶了同为禁军教头王进的美丽女儿，妻子被人觊觎，林冲最后落得刺配沧州，九死一生。

武大郎娶了如花似玉的潘金莲，不知使多少男人红了眼睛。西门庆黑了心肠，使武大郎命丧黄泉。西门庆夺人之妻，最终也招来杀身之祸。他连后悔也没来得及。

商鞅在秦国变法，得到秦孝公的支持，可谓走运。但孝公死后，太子当政，太子师傅诬告商鞅谋反，最后一心为国效劳的商鞅走向死无葬身之地。商鞅错就错在没有站得更高看得更远。

即将被迫饮下毒酒的李煜想明白了，走运生在帝王家，后悔不幸生在帝王家。不久于人世的陆放翁想通了"死去元知万事空"。一日被连降十九级、走运的年羹尧想明白了"人生贵适宜"。白绫系脖、一世走运的和珅想明白了"百年原是梦，卅载枉劳神。对影伤前事，怀才误此身"。

人生勿用悔恨填充，生活别用无聊度过，日子忌用松散迎接，人生不会苦一辈子，但总需苦一阵子。人一生中要懂得平衡，更要懂得做人做事的道理，平平淡淡才是真，小心驶得万年船。做人不可伤天害理，利用权谋，行缺德之事，发不义之财。胆大妄为，贪赃枉法，晚上连做梦都得不到安宁。小人得志，表面的神气，得意忘形的背后就是一把利剑。一

旦失足，成为了阶下囚，上了断头台，到时必是"悔之晚矣"！

一辈子安分守己、问心无愧、远离小人，一步一个脚印，谦虚谨慎、善始善终。不为外界的诱惑而丢失自我，不为一时的挫折否定自己，时时客观冷静地评价自己。幸福是一份感觉，不知足，人生永不会幸福。高调做事、低调做人。切记后悔无药吃，懒穷无药医。走运中有后悔，后悔中有机遇。人就是这样，凡事不能不考虑后果，不能不为自己处处留有余地，再优越要得意不忘形，再低落要失意不失态。

老子说："祸兮福之所倚，福兮祸之所伏。"乐极可能生悲。正确地把握好自己一生的走运和后悔，才是人间正道。莫为一时之得所迷惑，谁笑到最晚，谁就笑得最开心。感性做事必有疏漏，理性做事多思考才能不后悔。

幸福靠自己创造

要想寻求幸福生活，只有靠你自己的努力。

当我们大家迈着疲惫的脚步回家的时候，都期望得到相应的报酬，作为工作的结果，而不是工作的前提。不经历风雨，怎能见彩虹。天才源自勤奋，伟大出于平凡。幸福不能只建立在希望和理想的基础之上。哲人说：理想而完善的事物只存在于真空中。因为希望不等于结果，理想不等于现实。只有企业有前途、有发展、有效益，企业员工才能得到较为丰厚的报酬。

自己给自己创造的幸福，才是真正的幸福。

人生自我设计是必要的，没有自我设计，人生将是盲目的。自我设计是自我实现的基础，自我实现是自我设计的结果。有了远方也就有追求的高度，自己一旦有了追求，幸福的远方就不再遥远。

生存的法则

在生存的法则上，有人欣赏风景，有人努力让自己成为一道风景。人人都希望追求到美好，其实追求美好是无止境的。有人年龄不大却生来老成，有人年近花甲却从未长大，有人年少却心境苍老，有人年老却精神焕发。这个世界上永远有20岁的朽木，也永远有80岁的常青树。

人大多是糊涂一阵子，明白一阵子，没有谁能明白一辈子，也没有谁能糊涂一辈子，当然精神病患者另当别论。聪明理智做事有度之人无非是明白的时候多，糊涂的时候少罢了。即便称赞一个人绝顶聪明，也难免会有"聪明一世，糊涂一时"的时候，更不要说一般人。

那么，人在何时明白、何时糊涂，皆因人而异、因事而异。譬如贪婪之人，见钱财就会犯糊涂，胆大妄为，伸出手去，不计后果。好色之徒，一遇美女娇娃就难以自制，欲火中烧，明知道人家是美人计，是圈套也硬往里钻，到时悔之晚矣！

学学郑板桥的"吃亏是福，难得糊涂"。

现实生活中的"吃亏是福"，也就是息事宁人，和谐也就是合理的让步。身到无求品自高，无欲则刚。两相争必相伤，两相和必自保。为人何必争高下，一旦无命万事休。

至于"难得糊涂"，值得揣摩。有人说："聪明难，糊涂也难，由聪明转入糊涂更难。放一着，退一步，当下安心，非图后来福报也。"其文妙趣横生，韵味无穷。在生存的法则上，越是大道越简捷，越是真理越明亮。

大胜靠德，大智靠学。赠人玫瑰，手有余香，赠人诗歌，成就梦想。一个人没有钱可以去挣，一个人没有知识可以去学，一个人没有思想将无所事事，一个人没有勇气将一事无成。每一种创伤都催人成熟。狂妄的人不再狂妄，可成栋梁之才，然而永远自卑的人是不可救药的。承认自己的伟大，实际上就是认同自己的"愚痴"。

学习犹太人的金钱财富观

巴菲特是犹太人，金融大鳄索罗斯、钻石大王彼德森也都是犹太人。散落在全球各地的华人几乎和犹太人一样多。华人和犹太人都是非常聪明和勤劳的，但他们在金融业的地位则相去甚远。如果撇开制度的制约和历史的原因，一个很重要的原因是家庭文化教育与财务教育的不同。

一个人早期基本价值观的形成，主要依赖于家庭教育，好妈妈比好老师更重要，叫先入为主。华人家庭的财富教育往往侧重于赚钱与存钱的简单教育，犹太人的教育强调财富管理和让钱不断生钱使利润最大化。

关于财富，我们华人因文化教育背景的不同，喜欢情绪化、妒忌、攀比，同时会产生很多错误的观念。比如中国有句老话："马无夜草不肥，人无横财不富。"许多同胞认为"发横财"

是一条脱贫致富的捷径，他们对"发横财"的机会有极大的偏好和追求。很多人认为，如果没有"横财"，一个人只能简单维持生活，永远没有发大财的机会。反观犹太人，他们的文化思想：节俭、分毫必计。犹太人也有很多关于财富和金钱的寓言，如"上帝赐予光明，金钱散发温暖"。犹太人把"金钱"视为"世俗的上帝"，他们可以调侃上帝，但绝不敢调侃金钱。

许多同胞在金钱上的表现往往矛盾和迷乱，如一方面认为"金钱是万恶之源"，另一方面又极度渴望有"发横财"的机会。

犹太人对金钱表现得尊重、严谨和理性。犹太人更相信一个人的财富积累需要长期的"恒守"，他们更相信"恒财"。正如犹太人的一句名言："一个人由幸福到不幸福只要瞬间，而一个人由不幸到幸福却要终生。"

犹太人在对待财富和金钱的态度上比我们更有恒心和耐性。他们更懂得持续增长寻求高概率财富的世界游戏规则。而我们同胞中的"横财"追求者寻求的是"低概率冒险机会"，即运气好，短期内获得巨额的瞬间财富，如股票和期货。下跌时，一落千丈，挣钱如针挑泥，毁钱如水推沙。大量的事实证明：以错误的方式获得的"横财"最终都会以同样的方

式"返还"给市场。极端的例子犹如赌博，幸运的赌徒在赌场里可以赢得大笔的钱，但这些钱只会在他们手上停留瞬间，最终还是都"返还"赌场。

一个人要达到"财富自由"的彼岸，首先应该接受适时的财富教育。但遗憾的是在我们的文化背景和教育环境中，无论是社会舆论、大众媒介、书报杂志，甚至于博客，无不弥漫着"暴富"、"横财"、"短炒"等急功近利的诱人字眼，给社会带来了一定的"负财富"效应。这就是为什么国人往往难逃"富不过三代"的诅咒。

一个大国的崛起，不单是经济上的发展，更需要政治文化上的进步。我们要破除这个诅咒，首先清除那些"负财富"教育观念，建立好正确的金钱和财富观念。要自尊而不自卑，自信而不骄傲，正确调整到富有创新精神和沉稳低调的心态。

好女人是男人的好舵手

男人的自信来自女人对他的崇拜，女人的高傲来自男人对她的倾慕。天下没有真正野蛮的女人，只有被男人忽略而荒芜的女人。母亲是天底下儿女最大的恩人，她用一生大爱无私的精神奉献人类。好女人离不开好教养、素养和涵养。"三养"的人格道德培养，让女人优雅娴静，同时知识会让一个女人厚重，阅历让一个女人从容，气质让一个女人更漂亮。这样才能升华到艺术、灵感和天赋的境界。气质之美来自内心的涵养。

女人如书，女人拥有包容易感的爱心和一双善于发现生命精彩的慧眼，优雅的风姿韵味由内而外焕发，其散发的艺术气息让男人心神荡漾。好女人注重个人的语言修养和精神生活的涵养。深厚的文化底蕴才能烹出醉人的芳香。好女人

喜欢看书、读报、听歌、品茗、上网……有着李白的浪漫、苏轼的豪放，民歌的清越、轻音乐的柔静、流行歌曲的动感，浸润了她生活上的精致、优雅、妩媚、恬静，更积淀了她的涵养。好女人懂得修心才能开智。开智才能开心，开心才能开颜。她洁身自好，如莲花出淤泥而不染，如菊花悄悄地绽放，她像春天的雨水滋润万物，像秋天的和风轻拂你的脸庞，有如冬日的阳光，温暖在你的身旁。这样的女人才有魅力，永远都会优秀而经久不衰。

女人的压力来自于家庭。如果女人真正爱一个男人，就要多尊敬他，学会多赞美他，毕竟男人从骨子里来说是一种爱面子的动物。不要总挑剔他身上的缺点，要多发现他身上的优点，适时的赞美和容纳会让他更加依赖和宠爱你，哪怕再苦再累他也会力争让你成为世界上最幸福的女人。

梁启超的女儿梁思顺曾撰文提出贤妻良母论，她认为妻子要做丈夫精神上的支柱。重视女性作为母亲的角色，上可相夫下可教子。"相夫"就是"导男子以正途而励其气也"。她认为哺育儿童就是培养国民的道德、修养，决定着国民素质的高低，国家的兴衰与存亡。

女人这本书的华丽和精彩也是要靠男人来描绘的，所以重要的是看男人怎样下笔，怎样智慧地让内容一波三折，牵动女人的心弦。

征服是男人生生不息的欲望，是世世代代流淌在男人血液里的恢弘史诗。古时候，男人用金戈铁马的雄伟征战四方、开疆拓土，今天男人用运筹帷幄的谋略力战群雄、决胜商场。

男人，无论对内还是对外，无论是文争还是武斗，其实都是扮演着征服者的角色，都是在以自己的武力、财力、智慧和道德去影响折服更多的人，让更多的人接受并且跟从自己。男人为了征服，就像荒野中为了生存和尊严搏击的苍狼，任凭凄厉严寒的北风吹打，顶着雨雪风霜屹立在荒野的草原上，咬着冷冷的牙，耗尽最后一丝力气，流尽最后一滴血，也决不放弃追求梦想和自由的权力。男人为了尊严，忍受着伤痛和孤独，强装坚韧和无谓，在荒凉无垠的旷野中逐鹿群雄，百战不挠。"成王败寇"是征服游戏中自古不变的铁律，所以汗牛充栋的史料记载着的推动历史前进的角色主要是男人。

男人的压力来自于社会，既为男人，就没有好逸恶劳、安于现状的权力。"打落门牙和血吞"也罢，"去留肝胆两昆仑"也行，反正得拼得轰轰烈烈，干得地动山摇、石破天惊，哪怕失败也是英雄。男人的一生注定是上了发条的战车，征战

是男人别无选择的命运。

很多成功的男人之所以成功，其中一个原因是女人自始至终对自己男人的欣赏。她给枯燥的家庭带来欢乐，给男人带来启迪。女人时时激发艺术的灵感来创造一种精致新颖的生活态度与价值观，用来满足家庭精神的享受和审美愉悦的需要。男人的成功，一半来自于妻子，当男人走向人生战场的时候，有一位好妻子相送，男人会死而无悔。

所谓的家和万事兴是和谐社会的象征。男人把妻子当成王后，他就是国王。家庭是男人的避风港，一个男人如果每天回到家里，听到的都是妻子的埋怨与不满，那一定是十分受挫的。这样会让男人失去自信、温暖和微笑，更让男人失去前进的目标。

感恩与赞美是大爱。我们要善于以这种善良的大爱对待天下的人和事。心小了，所有的小事就大了；心大了，所有的大事就小了。和谐的心态将会使人生的进程发生巨大的变化，所以女人是男人的好舵手，男人是女人的催化剂。

"知难而退"有时胜过"知难而进"

　　"知难而退"有时比"知难而进"更重要，更智慧。如果一开始没成功，再试一次、两次……没有成功的可能就该放弃，愚蠢的坚持毫无益处，在正确的时间落幕是下一场精彩演出的开始。

　　结束一件事就像结束一份感情，有时比开始还难。日久生情和恋恋不舍可以理解，但不理解的是为什么明知不可能还不后退。不是你的，就该放弃，"知难而退"，是一个人有力量、有决心的标志，更是一个人有希望、有成就的根本。

　　有时候，失去一些东西并不是坏事，拥有一些东西也不一定是一件好事。正如经济学中的机会成本概念一样，当你得到一些收益的时候就意味着要放弃另外一些收益机会。每个人的资源都是有限的，如果你得到的收益所需要消耗的成

本已经超出了放弃的预期收益，或者你为了得到现实的利益而失去了更多潜在的预期收益时，这种得到或者说拥有就不是令人欣喜的事情。当历史上灾难时代来临时，一个人既失去了物质上的财富，精神上又受到了严重的创伤，不也正是磨砺自己的意志、耐性、知识和思想的过程吗？在这个世界上，唯有一样东西是永恒的，那就是坚定的信念。任何时候都不要失去自己对世界的希冀和信念。红军在最困难时走过了二万五千里长征，千辛万苦，越过万水千山，取得了胜利。邓小平三起三落，历经曲折，创造了人生的辉煌。知青上山下乡的艰苦生活磨炼了意志，让他们学会了生存。任何时候都不要对自己的人生失去信心，当上帝关闭了所有的门时，他一定会留下一扇窗，可我们很多时候总是哭着去敲那扇关着的门，却忘了还有一扇开着的窗。

其实生活很简单，东西丢了，找不到就不必再找，去找下一个；撞了墙就换一个方向继续赶路。倘若不能尽快地结束，就不能尽快地开始；不能很好地结束，就不能很好地开始。所以"知难而退"有时会胜过"知难而进"。

魅力

学历＋阅历＝能力

能力＋努力＝实力

实力＋亲和力＝魅力

以上三个等式表明，只有这样的魅力才是经久不衰的魅力。

要想找到财富先找对人，人生就是一个贪。吃点亏能交很多朋友，吃点亏合作的人就会很多，亏比黄金更有价值。

大柔则废，大刚则折。人必须懂得刚柔并济，一个人没有钱缘可以，但不能没有人缘；没有粮油可以，但不能没有朋友。做好事难，终生做好事难上加难。成功靠自己的努力加别人的帮助，读万卷书，行万里路。能表现自己的叫能力，还没表现的能力叫潜力，成功之后叫实力。上下具备集体智慧、使命感、执行力、凝聚力的亲和力，叫魅力。90度做人，180度做事，360度处事，智商过人，才华横溢，魅力才能经久不衰。

学会在正确的时间和正确的地点出现

我们都要学会看足球比赛。在观看足球比赛时，我们会发现，最优秀的射手就是最善于捕捉战机的人，他们总是在正确的时间出现在正确的地点上，好射手是会跑位的人。

其实一切"顶尖高手"和成功人士都是很擅长把握时机、选择环境的。人只有在不断的变化中才能最大限度地发掘潜能，提升自我，而较久的停滞往往会使人心理趋向麻木，心态变老，导致思维定势和思路狭窄。一个不求上进的人是不能在正确的时间出现在正确的地点上的。

例如投身股市，自然会有许多永远不公平因素存在，许多正常范围的不公平因素才是投机市场的魅力所在。如果投机市场做到了对所有参与者都"公平"，那就没有这个市场了。首先就要先自定一个预期的盈利值，一旦过了这个点，就要果断平仓，套现出局，看准时机再重新入市，否则被股市泡沫迷了眼，舍不得急流勇退，不及时"归零"，早晚会被套牢。等到股价贬值，巨资蒸发，被迫割肉出局时，就成了货真价实的"一无所有"。

因此，人生必须学会在正确的时间和正确的地点出现。

自己快乐，也帮助别人快乐

一个人只有不断反思自己的丑陋和不足，才能进步。一个人盲目自满、夜郎自大，那就会走向孤立和绝境。不要总是要求别人给我什么，而是要思考我能为别人做些什么。

意大利经济学家帕累托有句经典名言："不要使任何人不快乐，同时至少有一个人更快乐！"从道德的角度看，牺牲自己帮助别人是道德的最高境界，但助人者应尽量避免和减少自己的痛苦和牺牲。自己快乐，也帮助别人快乐。牺牲自己为别人走极端，那就是走向恐怖主义，那些为恐怖组织蒙蔽利用的"人肉炸弹"就是典型代表。自己快乐，也要帮助别人更快乐，这样的快乐才是最高境界。人人都献出一点爱，人人都快乐，这样和谐社会才能实现。

建筑的魅力

建筑有很多的魅力。建筑是诗，建筑是画，建筑充满着哲理。建筑有伟岸之美、华丽之美、质朴之美、玲珑之美……

但给我们感觉最深的是建筑与人亲近的魅力。人类因为生存需要而开始有了建筑，离不开建筑。建筑应以人为本、为人服务。建筑走近人，人走进建筑。

失败的根源

　　每个人都想上天堂，但没有人愿意死。每个人都希望成功，希望快乐，希望家人幸福，希望明媚的阳光永远在自己的时空中盘旋，但有些人却不愿付出代价，也不懂什么该去做什么不该去做，该说什么话不该说什么话，整天沉浸在朦胧之中，怨天尤人。

　　很多时候，不是因为有些事难以做到我们才会失去信心，而是因为我们先失去了自信，才变得很难做到。失败的人不喜欢为自己定目标，他们很少有梦想，他们不敢想得很好；失败的人常忽略或有意不看自己的长处，他们宁愿把注意力都放在自己的缺点上；失败的人不够乐观，当挫折、困难来临，他们会远走高飞；失败的人像寒号鸟，得过且过，明日复明日，明日何其多；失败的人缺乏价值观，他们没有选择，他们做的事是常人所做之事；失败的人整天游手好闲，贪图舒适，只想不劳而获；失败的人没有感召力，更没有震撼力，不懂得入乡随俗，不分场合地诗兴大发来表现自己的存在，喜欢习惯性作秀；失败的人不懂春风解冻、和气消冰，更不懂家和万事兴、家衰吵不停。

人的失败在于总是很难改正自己的缺点，也总是不愿意承认自己的错误。只要没有人指出他的错误，他就永远没有错误。

不要因为贪图一时的安稳而付出惨痛的代价，如果发现自己错了一定要止步，如欲罢不能，在错误中歌颂自己，到头来悔之晚矣！

有好思想的人是最伟大的人

臧克家在《有的人——纪念鲁迅有感》中的一段话："有的人骑在人民头上:'呵,我多伟大!'有的人俯下身子给人民当牛马。……他活着别人就不能活的人,他的下场可以看到;他活着是为了多数人更好地活,群众把他抬举得很高,很高。"

世界上有两种人:一种是有好思想的人,一种是有坏思想的人。前一种是给予者,后一种是索取者。后者也许能吃得很好,但前者绝对睡得更香。

一个有好思想、有价值的人,不是看他学到了多少知识,而是看他拥有什么精神;不是看他拥有多大权力,而是看他为社会创造了多少价值;不是看他认识多少人,而是看他离开人世后,有多少人怀念他。因为好思想能释放能量,能量能转化为财富,财富能推进社会发展,发展能解决社会就业,就业能使社会安定，安定能和谐社会，不断提高人民幸福指数。

成功失败在这个世界不是最重要的目标。有时候失败就是成功，有时候成功不过是失败，要用智慧的眼光来看待。

"人"字是最简单的两笔，却是最难写好的字。做人应当像"人"字一样，永远向上而又双脚踏地。

人生没有所有权，只有生命的使用权。人生最伟大的价值就是懂得付出，用好思想引导社会前进。

中国是一个有几千年悠久历史的文化大国。邓小平带领我们改革开放，使中国人走上了幸福之路，让中国人民自己勤劳致富。邓小平的思想像黑夜中的火炬照亮了大地！改革使中国人走向了现代化，发展经济，富民强国，走和谐之路。

自己快乐也要帮助别人更快乐，这是和谐社会的必由之路。有好思想、有价值的人才是世界上最伟大的人。

有心人天不负

　　一天，院长作为主讲人去参加一个医学学术研讨会。一路上，院长都在考虑今天学术报告怎样讲才能使听课的医学教授觉得精彩。院长在认真思考时，院长的驾驶员开口问院长："今天讲医学病理开颅手术，您听我讲讲看对不对？"院长面带不屑地听着，听呀，听呀，觉得驾驶员讲得比自己还要正确和精彩，院长越听越惊讶，对驾驶员说："停下，你换上我的服装，系上我的领带，穿上我的皮鞋，我来开车，今天你上去演讲。"

　　到了目的地，院长坐在最边上的一个角落里，由驾驶员上台演讲。他讲得头头是道、淋漓尽致，激起了听课的医学教授一阵阵掌声，众教授认为这位院长名不虚传，水准过人。驾驶员讲完后，听课的学术专家开始提问。驾驶员说："今天我讲课有点累了，现在学术提问由我驾驶员来解答。"

驾驶员在接送院长的过程中，经常认真倾听院长和他的助手探讨研究学术问题并记在脑中，由此可见一个驾驶员的用心。什么事只要有心，就会成功。

每个人都有潜在的能量，只是很容易被习惯所掩盖、被时间所迷离、被惰性所消磨。人生重要的不是所站的位置，而是所朝的方向。一个人能走多远，看他与谁同行。一个人能有多成功，看他有谁指点。一个人能有多优秀，看他与谁为伴。虚荣会开花，但不会结果，任何事只要认真，就会与众不同。

做人处世的原则

低调做人，高调做事。山不解释自己的高度，并不影响它的耸立云端；海不解释自己的深度，并不影响它的容纳百川；地不解释自己的厚度，但没有谁能取代它承载万物的地位……

欲成事者必须要宽容对人，进而为人们所接纳，所钦佩，这正是人能立世的根基。根基坚固，才能枝繁叶茂，硕果累累，倘若根基浅薄，便难免枝衰叶弱，禁不起风雨。

即使你满腹才华，能力比别人强，也要学会藏拙，抱怨自己怀才不遇，那只是肤浅的行为。低调做人，就是用平和的心态来看待世间的一切，在卑微时安贫乐道、豁达大度，在显赫时持盈若亏，不骄不狂。

低调是针对为人。如果对人生、对事业太低调，会埋没人才。对于事业，应该有崇高的追求和执着的创新，同时要创造机会时展示自己的才华、自己的智慧……

为人处世低调并非是妥协、退让、懦弱，而是一种智慧，一种远见，是一种对人的尊重。背对太阳，阴影一片；迎着太阳，霞光万丈。

做人有度，处事有节。做事莫越权，说话莫啰唆；做人要低调，做事要高调。寒不改叶绿，暖不争花红；富不行无义，贫不起贪心。要海阔天空地思考，脚踏实地地开拓；稳稳妥妥地做事，清清白白地做人。光景好时，不过分乐观；光景不好时，也不过分悲观。宠辱不惊，温柔敦厚。对失意人莫谈得意事，处得意日莫忘失意时。读古人书，须设身处地想一想；论天下事，要揆情度理三思。具备这种涵养才能算是具有哲学思维的人，这样的人才是一个高尚而有品位的人。这样的人才能说经久不衰的"话"，做经久不衰的"事"，树经久不衰的"品"。

玩人丧德，玩物丧志。一个格局小的人能做大事情吗？一个低层次的人能说出高层次的话来吗？一个谄媚逢迎的人能像君子般为人正直无私吗？能人是能干事的人；高人是坐得住、静得下心的人，有"忠义"两字的人才是能干大事的

人。水深流去慢，贵人语话迟。骄傲源于浅薄，狂妄出于无知。稻穗成熟了才能弯下腰，沉稳低调才能海纳百川。

　　做人要尊重他人，尊重自己。做人要奉献社会，奉献人类，为天地立心，为生民立命，为万世开太平。这些才是宇宙间没有争论的做人处世的原则。

博爱与卓越

富贵之家，要学宽大；聪明的人，要学厚道。

博爱是人类理性的体现，是人类脱离野蛮、进入文明的一个标志。

博爱是人道主义原则和道德观的体现，它主张在社会竞争的同时，不但要关注社会弱势群体，而且更重要的是要有承担其他社会公益事业的高尚行为。

卓越寓于质，而非寓于量，精品总是少而罕见的，无质的量多会降低价值。术业精专，可造就卓越，可在崇高伟业中造就人杰。

博爱须看曾国藩，卓越必读胡雪岩。

心态与机遇

情趣不在雅俗，贵在保持童真。

社会公平地给予每个人追逐快乐与机遇的权利，但由于知识、观念和心态的不同，机遇也就会不同。瘦子永远体会不了胖子站在秤上的忧伤，胖子永远体谅不了瘦子轻易被推倒的凄凉，因此我们的心态一定要学会宽容与体谅。

有些人阳光、乐观、心态平衡，快乐地生活。有些人苦闷，发牢骚，怨天尤人，愁眉苦脸，丧失了积极性和自信心，这种局限的思维导致了自己心态的不平衡。

不在其位，不谋其政。有些人自己没当领导时，总是说领导很苛刻；当自己当了领导时，却越来越像自己原来的领导，甚至有过之而无不及。

俗话说："修身不为名传世，做事唯思利及人。"有多少有着良好心态、富有社会责任感的人，为建设中国特色社会主义、为提高百姓幸福指数在日夜奋勇拼搏，甚至把自己的健康和生命置之度外。他们抓住了一次又一次机遇，用有限的生命给社会创造了无限的价值。

一个人认真做事，会有人注意他、赏识他，这是一种机遇。永远懒散不做事情，没有什么表现，永远也不会有这种机遇。天上永远不会掉馅饼，世界上永远没有免费的午餐，在任何时候都要努力去争取。迪斯尼乐园有句名言："人每天上班都是一场精彩的表演。"由于心态、智慧的不同，表演的姿态、出众的程度也不同，经过"观众"的点评和"评委"的选拔，优胜劣汰，部分人被淘汰出局，从而错过了一次成功的机遇。

不同的国家有不同的文化、不同的人文环境，不同的文化、不同的人文环境会产生不同的道德修养。谁都不能永远英明，完美无不因时而易。天下没有不散的筵席，美也有时限，没有最后的强者，只有一时的胜者，再强大的角色也不可能在人生舞台上永远风光，到了落幕的一刻照样卸妆下台。即使智慧也会因太过或不及而失灵，有些人事事不成，有些人事事圆满，其原因就在于做事是否顺其天

时。有志者自有千计万计，无知者才叫千难万难。自己的伤痛自己清楚，自己的哀怨自己明白，自己的快乐自己感受。也许自己眼中的地狱却是别人眼中的天堂，也许自己眼中的天堂却是别人眼中的地狱，生活就是这般滑稽。不要总疑春色在人家，关键是自己调整心态。站在半路，比走到目标更辛苦。

"春观夜樱秋望月，夏有繁星冬听雪。心中豁达无烦事，便是人生好心境。"一个人对幸福要求不高，幸福就在你的眼前；一个人对幸福要求过高，幸福就会遥不可及。心态决定苦和乐，观念决定成与败。修身养性，感恩社会，愿每个人都用好的心态去抓住更好的机遇。

做人切勿急功近利

心急嫌路远，心闲路自平。急流能勇退，与世皆无争。大凡好东西，往往离不开两要素：一是时间，二是历练。

老祖母炖鸡汤，坚决抵制高压锅；孙媳妇炖鸡汤，短、平、快，20分钟肉烂骨酥已下肚，剩下时间还可去公园游一游。老祖母用风炉、砂锅炖鸡慢悠悠，一下午光景，汤和鸡在沸腾中惊心动魄、激情碰撞，慢慢炖出有滋有味的滋养精华，成就多少年来怀想的纯正口味。

孙大圣想要当玉皇大帝，被佛呵斥道："你那厮乃是个猴子成精，焉敢欺心，要夺玉皇大帝的尊位？他自幼修炼，苦历过一千七百五十劫，每劫十二万九千六百年。你算，他该多少年数，方能享受此无极大道。你那个初世为人的畜生，如何出此大言！"孙大圣觉醒，不再不务正业，随师父唐僧

西天取经而去。经受九九八十一难，最后终成正果。

人生十月怀胎，没出生时，胎儿靠脐带供养，在娘胎里温度适宜，那才真是享受。婴儿出生非常痛苦，一接触空气，每个毛孔像针刺一样。他还没有什么分辨的意识，也没有理性，不会说话，所以婴儿落地就会放声大哭。

学业结束，进入社会，人生的修炼更艰难。平凡百姓但求人生吉祥、和顺美满。社会精英开始呕心沥血、竭尽奉献。

人生须掌握道与术的关系。道是本质，术是方法；道是隐性的，术是显性的。道是一种内涵、深度、境界；术是一种技术，是做事和谋生的手段。只知术，而放弃道，那就使术的显性覆盖了道的隐性，显性的表现就变成了急功近利。

享现在之福如点灯，随点则随灭；培将来之福如添油，愈添则愈久。有远见者则稳进。急功近利、目光短浅的人总是忘恩负义，危机时到处求助，事成后再不露面。求人时信誓旦旦，得逞后胡作非为，这种人被人鄙视。急功近利，忘恩负义让合伙人伤心，让朋友伤心，虽得益于一时，却会永远失信于人。过河拆桥会断了自己的后路。

现代人对修身养性的修炼，多了些急功近利的无奈，却少了些对生命本体的关照。对社会多一些阳光的爱，反思自己时就会少一些痛苦的内疚。修炼是补心、补血的一种滋养内涵。老祖母炖鸡汤的过程给人很多启示，平实无华的常识和经验丝毫不亚于那些最高深的理论，人活着不仅要有过人的智慧，还要有过人的品德。博采众长，兼容并蓄，多练内功，浓缩滋养，珍惜人生，放宽心态，尊重他人，千万不可急功近利。以一言而蔽之："社会和谐，理性做事，感性做人。"

正义与个性

　　意大利作家但丁说："走自己的路，让别人说去吧。"但丁这里说的是，人要为坚持正义而不改变自己的个性。民族英雄岳飞的哲言："文臣不爱钱，武臣不惜死，天下太平矣。"什么是有正义、有个性的英雄？在明明会失败的路途上还坚持着人品人格。土地沦陷了，人格没有沦陷，而且会永远地启发人们"收复""人格领土"。岳飞就是这样的英雄，所以值得后人尊敬。南宋抗元英雄文天祥也是如此，他不屈服外族入侵，被元军所俘，迸发出"人生自古谁无死，留取丹心照汗青"的诗句，其正义和个性表现得淋漓尽致。

　　"松敢凌霜因骨硬，梅能傲雪在心清。苦辣酸甜皆自品，是非功过任人评。"我们的正义中应包含正直、宽容，有道德修养以及为人类奉献服务的精神。

鲁迅在诗中自况"横眉冷对千夫指，俯首甘为孺子牛"。他爱憎分明，个性鲜明，执着、坚韧和坚定。不能把个性理解为行为怪异、孤傲、独断专行、撞了南墙不回头。

"兼容并蓄"是重要的，但其前提是自身品格的独立，是坚持正义和自身的个性，即自身人格的完整性。人应具独立不移之精神，包括人的思想、态度、兴趣、气质、潜能、信念、人生哲学等。这些综合素质结合而形成个人一定的特征。

无论是地痞的行径，还是暴君的苛政，都不能使人越出正义的边界。社会上真正追随正义的人太少了，有很多人自称坚持正义，但当大事临头，在需要为社会维护正义的危难时刻，却只顾自身利益，花言巧语，巧妙脱身，以免冒犯上司。他们否认正义，背叛正义，甚至同流合污。一旦为人蔑视，更何足以感人。他们精明的表现，实际是一种愚蠢，而愚蠢更是谎言家族的亲戚。

一个对自己的言论不敢承担责任的人是不配谈言论自由的，一个不守诚信原则的人，其满口的爱国言论也注定是欺骗和虚伪。任何经美好词语修饰的东西都必须放在阳光下检验。唯有懂得爱，才能在面对未来时走得更稳、更宽、更远。只有有个性的正义者才会为主张正义抛弃自身拥有的权力或财富，不会反复无常，而只会坚忍不拔地坚持个性、伸张正义。

君子与小人

为善流芳百世，为恶遗臭万年。

一个国家提升国力，政治、经济、国防、军事等固然重要，但是公民文化素养才是所有国力的基础，基础来自于一个国家怎样去营造包容、理性、文明和文化软实力的土壤。

从古今中外人类社会道德修养的角度来看，一个正常社会正人君子的标准，首先要有文化修养、教养、涵养，还要仰无愧于天，俯无愧于地，修身、齐家、治国、平天下。当一个社会君子不能掌握话语权时，正面的话语权就小了，小人的话语权就多了。急功近利、物欲横流的现象就会占据社会的每个角落。和谐不是放纵，而是要提高、修补国民道德修养，提升国家软实力，完善法制，建立游戏规则，树立正气，建设和谐社会，才能与世界接轨。

世界上君子多的社会难道没小人吗？不是，而是君子多了，小人在正义的环境里不易生存。

小人多的社会里没君子吗？不是，而是小人当道，君子势单力薄，难以与之抗衡。

过去，大多数老百姓都会从心底里敬仰君子，动乱时代君子却被社会边缘化，变得不合时宜。一个开放的社会，如果没有完善的法制与有效的治理秩序，君子在这个时代就会感到孤独无助了。

君子成人之美，不成人之恶。君子见义，小人见利。子曰："君子周而不比，小人比而不周。"君子合群而不与人勾结，小人与人勾结而不合群。"君子食无求饱，居无求安，敏于事而慎于言。"君子责己严责人宽，小人责己宽责人严。君子似蜂为其巢采蜜，小人似蛇为其胆采毒。君子追求高雅，小人寻求低俗。君子在万物中寻求一种境界，小人在万千优点中开出一份缺点负债表，把自己的幸福建立在别人的痛苦之上。"君子求诸己，小人求诸人。""君子坦荡荡，小人长戚戚。""君子矜而不争，群而不党。小人巧言乱德，结党营私。"君子当权造福，小人仗势欺人。结君子千年有义，交小人转眼无情。

人生要交三种有益的朋友：与正直的人交朋友，与诚实

的人交朋友，与博闻多识的人交朋友，受益终生。避免与三种有害的人交朋友：同谄媚逢迎的人交朋友，同看风使舵的人交朋友，同花言巧语的人交朋友，后患无穷。实际上，不分好坏的老好人也是一种败坏道德的庸人。

小人是狐狸其貌，虎狼其心，害人歹毒之魔。小人是在肉麻中长大的，他们的血液中渗透着肉麻的基因，时时会发出肉麻的呻吟，来坑蒙拐骗，误导民众，攻击精英，用耸人听闻的诱人字眼来挑逗大众，展示自己。在文明社会进步面前他们显得那样的丑陋，那样的龌龊，那样的卑鄙。小人也是社会的必然产物，是我们的反面教材。建立新的秩序，营造新的文化，实现新的愿景，还是需要小人站在负面立场做负向推动，负负得正，小人成就伟大人物。真的还要"感谢"小人。宁可得罪君子，不可得罪小人。待小人宜宽，防小人宜严。

两千多年前，孙武在他一生中并没有写完《孙子兵法》，是由他的后代完成的。孙膑和庞涓都是鬼谷子的学生，孙膑很有才华，庞涓非常嫉妒他，一直想要杀他。孙膑为避杀身之祸不得不装疯卖傻，但庞涓并不相信好好的一个孙膑突然疯了，于是庞涓叫人把孙膑拖到猪圈里饿了他七天七夜，然后送上一桌美餐给孙膑吃，孙膑知道庞涓在试探自己是否是真疯，就把一桌的美餐掀翻在地，然后就在粪堆上倒头便睡，醒来还抓猪粪吃。庞涓想："孙膑毕竟是同学，他已疯，我再置他于死地的话，天下人会笑我庞涓无量的。"庞涓叫人把孙膑的膝盖骨挖了，让他在地上爬着走。后来，齐国的一个使团以向魏王送礼的名义来到了魏国，然后用掉包计把孙膑偷偷地带回齐国。齐国大将田忌把孙膑推荐给齐威王，齐威王与孙膑谈论兵法，相见恨晚。孙膑在齐国养精蓄锐，厚积薄发。公元前341年，魏王派兵攻打韩国，韩国向齐国求救，齐国派田忌、孙膑带兵去救韩国。孙膑用"围魏救赵"的战略，带兵攻打魏国国都大梁。庞涓听说国都危急，赶紧从韩国撤兵赶回魏国。等他赶到魏国边界时，齐军已经开进了魏国。庞涓一路追赶到深山峡谷，山头上齐军万箭齐发，庞涓走投无路，拔剑自杀。齐军乘胜大破魏军，孙膑的名声传遍各诸侯国。他的名著《孙膑兵法》一直流传至今，为世界所瞩目。

古人云："虽有百疵，不及一恶；恶中之恶，为毁人也。"余秋雨有段名言："除了不可抗拒的自然原因外，人间灾难的核心便是人整人。在灾难时代跟着整人，在灾难过去之后便不再整人的人，是一个介乎好人与坏人之间的庸人；在灾难时代从不伤害他人的人，是上等的好人；在灾难时代整人，在

灾难过去之后还在整人的人，当然是坏人；在灾难过去之后，以清算灾难的名义伤害他人的人，则是顶级巨恶的坏人。"

易涨易退山溪水，易反易覆小人心。蛇行无声，奸计无影。与其用放大镜看别人的不足，不如用显微镜看别人的长处，静下心来反省自己。懂得同情一个人叫本能，赏识一个同自己没关系的人叫修养和宽容。感恩社会，感谢在你人生道路上帮助过你的人，莫与小人争胜负，且由大千明是非，意气未必真豪杰，雅量才算真君子。宁可忍胯下之辱，不可失丈夫之志。千万不要把自己变成小人。

智慧不相信运气

人必须具备人格魅力、精神和特质。

人要有冒险的精神，而不是无智慧的冒险。不要对自己不满，因为那是心虚；也不要自满，因为那是愚蠢。自满来自于无知。通才本想样样精通，却样样不通，这就是他们的不幸。事物取决于很多条件，在一种环境能取胜的东西，在另一种环境下却可能失败。

在人类的生存中，不要相信永远的运气，而要相信永远的智慧。

骄傲与懒惰

庸人败于惰，能人败于傲。世上有两种人必定惨败：一种是懒惰之人，另一种是骄傲之人。前者什么事都想在明日再做，结果总是一事无成；后者瞧不起天下所有人，自以为自己最聪明，办事时往往抓住老鼠却放走了老虎，常常招来他人的不满和怨恨，于是受人诋毁、咒骂，最后被恶意的诽谤所吞没。

一个人如果浑浑噩噩苟且偷生，实际上他是偷取了公司的时间，挖掉了自己的墙基，偷走了自己的人格，丧失了自己的品德。错误的抉择会导致错误的结果。可怜之人，必有其可恨之处。人一生可活得平平凡凡，但不可活得庸庸碌碌。

理智

事业平生悲剧多，循环历史究如何。人生路途遥遥，讨好每一个人是不可能的，也没有必要。讨好一个人，等于得罪每个人，刻意去讨好别人，只会使别人产生厌恶。亲近别人要自然，"投机"心态要改变。有时间讨好，还不如做好自己的事。讨好别人是靠不住的，自己努力才实实在在，往往过度地讨好，还不如理智地决策。

聪明的驯马师会在赛马还没跌倒在跑道上，人们还来不及嘲笑时，就把它牵出赛场。美女应当早些打破镜子，以免日后看到自己红颜不再时才这样做。爱和恨都不可怕，可怕的是无所谓。希腊人认为："人生的最高境界就是达到美与善的合一。"善存在于理中，美存在于音乐中，所以希腊人自称"理乐之邦"。中国是既讲礼也讲理的一个五千年文化大国，有些

人误把礼认作面子，这样的文化既放不下架子，又丢不了面子，就容易失去理智。一个人受了苦要知道怎样去奋斗，不是只坐着等政府来改善。一个人要使自身有价值，首先要让自己的大脑先充值。这样才能成为一个有价值、有理智的人。

做一个有智慧而不张扬的人

　　智慧来自于知识。知识是黑夜中的明灯，知识是大海中的灯塔，知识是人类的保健医生，智慧更是知识的升华。

　　弓硬弦易断，人强祸必随。胜利招嫉恨，优越难免招憎。张扬的个性是愚蠢致命的，谨慎的修炼能掩盖自己的不足，粗糙的服装会遮掩漂亮的容颜。有些人允许你的好运超越他们，但不会允许你的机智超越他们。因为在他们看来，机智是上司的特权，任何机智者都有冒犯上司之可能。他们允许有人辅佐，但不允许被人超越，就像星星是太阳的孩子，但星星从不与太阳争辉。

　　"留得五湖明月在，不愁无处下金钩。"俊杰大多是识时务者，孤立的智慧常常会被视为愚蠢，这个道理对扬帆行船极为重要。最伟大的智慧常常在于大智若愚，一个人往往死

就死在聪明过头。一人之智，不如众人之愚；一目之察，不如众目之明。蚍蜉撼树，愚在不自量力；吾人修身，贵有自知之明。沧海横流，方显英雄本色；大浪淘沙，才见壮志豪情。人遇误解休怨恨，事逢得意莫轻狂；失意时得罪人，可在得意时弥补；得意时得罪人，难在失意时补偿。律身唯廉为宜，处世以诚为尚。人必须适应现实，入乡随俗。有些人为了与众不同，与智慧背道而驰，极端的走向会导致"上帝要他灭亡，必先让其疯狂"。

电视里的白马王子与灰姑娘都是生活中男孩和女孩向往的，但他们并不是真的存在的。女孩子如果沉溺于这种虚假的童话氛围里，将会直接影响自己的人生观与价值观。

闹市寻钱，静处安身，欲成大事，必有小忍。谨慎做事，低调做人；物竞天择，适者生存；平静要如水，正直要如绳；梅花二度为争春，人活一世为报恩。

人生——应该做一个有智慧而不张扬的人。

看古·论今·把握自己

看古：中国历史上值得研究借鉴的代表人物中有刘邦、李世民、武则天等人。

刘邦的性格及头脑足以成立一个国家的智库，具有一种大国政治家的风度，特别是他善于用人，所以能取天下。

李世民能用他宽广的心胸来采纳不同政见者的谏言，懂得政治平衡的规则。他以深邃而智勇双全的魅力震撼着人们的心灵深处，驱散了乱世上空密布的乌云。

武则天是一位杰出的盖世女皇，是治国之才。她既有容人之量，又有识人之智，还有用人之术。她是中国历史上唯一的女皇，封建时代杰出的女政治家。她重视人才的选拔和使用，发展和完善了隋以来的科举制度，放手招贤。她也极重视农业生产，所以延续了大唐盛世。

论今：以一颗平常心看股市，将享受到中国经济增长的红利；以一颗平常心看官场，才能明月清风、不劳牵挂；以一颗平常心看形势，方能把握脉搏、预测拐点。"宠辱不惊，闲看庭前花开花落；去留无意，漫随天外云卷云舒。"

把握自己：凭自己美好的信念，未必带来美好的结果。美酒饮到微醉间，好花看到半开时。"财上平如水，人中直似衡。"对待钱财要像水一样平静，做人要像秤一样公正。成功的人在找方法，失败的人在找理由。从商要懂得政治市场学，政治就是一种"平衡术"，你一旦破坏了这种平衡，矛盾将接踵而来。作为一个商人来说，领悟了政治的"平衡术"就等于找到了自己的护身符。漫漫历程，路途艰险，刚柔并济，识时务者为俊杰，懂得有选择就该有牺牲。

企业之路是无限之路，"君问归期未有期"。活着必须奋勇拼搏前进，要快乐地度过充满矛盾、困难的一生。

一味忍让不可取

从古至今，几千年历史的教训：一味忍让意味着丧失原则，一味忍让意味着失去人格，一味忍让意味着软弱可欺，一味忍让意味着让坏人变本加厉，一味忍让面临着被步步紧逼的危险，一味忍让将让坏人横行霸道，让好人失去希望陷入绝境。试想如果当年美国黑人对公交公司忍让的话，说不定至今黑人还要为白人让座。

有时人家打了你的左脸，你还得送上右脸。别人抢走你的外套，你还应脱下你的内裤。忍让也有一定的界限。宽容是一种美德，但宽容是有限度的，宽容是讲原则的，宽容是有是非标准的，必须在法则下规范宽容。不分对象的忍让和宽容只会导致社会退步和变本加厉，同时也导致了自己把自己设在了祥和环境围墙之外。历史告诉我们，屈服于威胁得到的"屈辱的和平"最终会带来更大的伤害。过分的宽容是

没有原则的放纵，在没有一个度的游戏规则下会演变成一种变相的犯罪。花浇了太多的水会被淹死，宽容不当会适得其反。有时执政监管行为的"缺席"一定程度上纵容了事物的恶化，迟来的正义往往是遗憾的正义。在当今社会要想引导民众只能靠真理、真诚及规范法制，这才是和谐社会必经之路。溺爱并非对子亲，严教才是真关心；严父出孝子，慈母多败儿；善心劝不了恶魔，宽容换不来民主。

　　一个人倘若失去了勇敢，他的生命等于交给了敌人，有时挺身而出，奋力反抗效果更好。毛泽东的战略方针："人不犯我，我不犯人，人若犯我，我必犯人，枪杆子里面出政权。"得寸进尺是愚人常用的计策，一再忍让反而助长其嚣张气焰。该出手时就出手，给点厉害也是不得已而为之。对得寸进尺者该迎头痛击，而且一定要痛击。对在街头抢劫的犯罪分子要严惩，对在校园里劫持残害幼儿的行为要严厉打击，对黑社会性质的危害决不能让他们泛滥成灾。忍无可忍就无需再忍，一味忍让不一定是好事。

自私与奉献

　　人类社会中，自私与奉献的定义相当于索取和给予。人都是私欲动物，再高尚的人都有自私的一面，其实高尚与卑下的区别在于：当欲望降临时，高尚的人考虑了几分钟，犹豫间放弃了，卑下的人却毫不考虑地将其占为己有。

　　自私就是以牺牲别人为代价，损害别人来满足自己利益要求的不道德行为。一个人不懂得感恩，自私的心灵中是一片漆黑的，以自我为中心，什么场合、什么时候都以达到自己的满足程度为应该。当他满足不了自己自私行为的时候，就对社会产生愤怒、埋怨和仇恨。由于心灵的扭曲，周围的朋友、亲属往往都离开了他，他既得不到社会的同情又被社会所抛弃，当自私的惯性让他承受不了外界压力的时候，他同时也让自己跌入了深渊，走上了绝境。

奉献是指满怀热情为他人服务、做出贡献、不计回报的高尚行为。如一个人懂得了感恩，他的心灵是明朗的、积极的、健康的，道德是高尚的，为人处世是和谐的。人活着的意义到底是什么？那就是对祖国无限的忠诚，对人民无限的热忱，对事业孜孜不倦，不断提高品德。何谓国家？有国才有家，无国哪有家，当国与家两字分开的时候，抛弃了国，只守住了家，自私的思想就成了急功近利。这是每一个人都要深深考虑的问题。"只要人人都献出一点爱，世界将变成美好的人间"，一曲《爱的奉献》之所以能经久不衰，是因为它唱出了大家共同的心声。奉献与索取是一对矛盾，一心索取的人，贪婪的欲望永远得不到满足，再者，没有别人的奉献，自己又能索取到别人的什么呢？

社会上一些人往往因自私的心理，为作秀片面闪耀表现自己的存在，把正确的舆论导向推向边缘化。非要到疾病、灾难来临时，才知我们的政府和白衣天使的奉献。正因为有人懂得奉献，社会的物质财富和精神财富才会不断增加，人类社会才能不断发展。奉献者收获的是一种幸福，一种崇高的情感，一种赢得他人尊敬和爱戴的满足，是自己生命的延长，是"春蚕到死丝方尽，蜡炬成灰泪始干"的高尚境界。

第四辑　道德与修养

　　道德之所以有如此崇高和美好的名声，就是因为它总是伴随着巨大的牺牲。

——康德

　　革命实践的锻炼和修养，无产阶级意识的锻炼和修养，对于每一个党员都是重要的，而且在取得政权以后更为重要。

——刘少奇

好人必有好报

　　好人为人善良，待人真诚，不计回报地回馈社会，这是一种品格、一种姿态、一种风度、一种修养、一种胸襟、一种智慧。当一个人无私帮助别人的时候，最终是帮助了自己。顺境时善待他人，逆境时你可能会需要他们。好人用平和的心态来看待社会。修炼到高度境界，为人就能善始善终，既可以在卑微时安贫乐道，豁达大度，也可以在显赫时持盈若亏，不偏不倚。这就是好人的本质。好人做好事常得到回报，坏人做坏事常受到惩罚。

　　有一个贫苦的苏格兰农夫，住在荒郊的茅屋里，他叫佛莱明。有一天，他在田里耕作，忽然听见来自附近沼泽地的呼救声。他迅速跑了过去。看到一个吓坏了的男孩，泥沼已淹没到他的胸部。他拼命地挣扎，并大声呼救。佛莱明救起了这个本来可能会缓慢而恐怖地死去的少年。第二天，一架华丽的马车来到了佛莱明家。从车上走下一位风度翩翩的绅士，自称是昨天被救的那个孩子的父亲。"你救了我儿子的命，"他说，"我想报答你的恩情。""不，不，我不需要你的任何回报。"农夫说。此时，农夫的儿子从里屋走了出来。"这是你的儿子吗？"绅士问。"是的。"农夫自豪地说。"那好，我将提供给他和我儿子同样好的教育，如果他有他父亲同样的美德，那么他就会成为一个你我都会为之骄傲的人。"佛莱明的儿子被送进了最好的学校，随后毕业于伦敦圣玛利亚医学院。他就是发明盘尼西林（青霉素）而闻名世界的亚历山大·佛莱明。几年后，那位绅士的儿子得了很严重的肺炎，这次又是谁来救他的命呢？盘尼西林。被救活的绅士儿子，就是英国首相温斯顿·丘吉尔。

好人苏格兰农夫佛莱明救起了将会死去的少年，得到了少年父亲的报答。少年的父亲知恩图报，最后从自己的善行中受惠。若不是他资助农夫的孩子读书，也许，若干年后，他的儿子丘吉尔会死于肺炎。说好人的善行感动了上帝也好，说世事因果相随也好。总之，善行必结善果，好人终有好报。

商道与美德

道德是以"理"为支撑的，没有了"理"，道德也就无从谈起。

商道就是人道。诚信立身，人为仁义。君子爱财，取之有道。外圆内方，是商道的本质。生意合作建立在相互信任、互惠互利的基础上，合作是一种融资、融智、融胆的过程。商道潜在的含义是利润和道德平衡的一种游戏规则，缺乏了这个规则就不能称之为商道，在商业社会里，它将变成另外一种形式的战争。

至于美德，富而思源，富而思进，穷了懂得心灵的满足，富了更要懂得忧国帮弱。人与人之间的差异实际是人与人之间综合素质的差异。缺乏正义感、缺乏诚信，就没有商道美德，因为正直和诚信是最重要的商道美德。从商并非是单纯的谋生之道，实际上还是一种社会责任，贯穿其中的价值观和正直、诚信才是商务的求利和立义之本。

爱国是每个公民的职责，我们过去的公民教育是不要对这个国家说三道四，说恭维话，家丑不可以外扬。错了，真正的公民是有社会责任的，说这个国家的好是爱国，指出这个国家政府在运作过程中的毛病也是爱国，一定程度上讲更是爱国，更是美德。

　　有德无才会误事，有才无德会坏事，德才兼备方能成事。无才不成器，无德必成祸。商道与美德结合，财源才能滚滚而来。这就叫"好人有好报"、"和气生财"。

让真话永远占领社会舆论阵地

品格往往在重大时刻才表现出来，但它却是在无关紧要的时刻修炼而成的。

是人就该说人话、说真话。因为真话让人信任，信任是人与人交往合作的基础。无论夫妻关系还是官民关系，没有信任就只剩下彼此哄骗、自欺欺人。以诚待人，以信交友，应是建立人际关系的基础。有人这样评论敢讲真话的台湾著名作家柏杨先生："他是我们的一面镜子，一个美丽的中国人，他在世时让所有人觉得刺痛，而没有了他，又让所有人怅然若失。"

说真话是提中肯的意见，实事求是。习总书记提出"空谈误国，实干兴邦"，这是对为臣者的政治考验，人格道德品质修养的考试。

从历史上看，比干被剖心，屈原投江，魏征让唐太宗动了杀心，海瑞被打入死牢，林则徐充军新疆伊犁。他们都是为国为民说真话的硬汉。他们以身报国，敢将热血洒疆场，成为了真正历史的英雄，为后代国民树立了榜样。

胡适讲："一个肮脏的国家，如果人人讲规则而不是谈道德，最终会变为一个有人味的正常国家、一个干净的国家；如果人人都不讲规则却大谈道德，谈高尚，最终这个国家会堕落成为一个伪君子遍布的肮脏的国家。"

如果正常的秩序无法建立，势必有不正常的秩序取而代之。是人就不想被别人欺骗，自然也就不能去欺骗别人。社会舆论这个阵地，你不用真话去占领，就会被别人用假话占领。言论自由无比珍贵，躲在虚拟背后而不负责任的言论则是对自由的伤害。华而不实的言辞能博得一时的掌声，但永远经受不起社会千锤百炼的认可。瞎眼的人只听有人说什么，睁眼的人关注到底做了些什么。

然而，中国历史长期以来非常缺少讲真话的人，缺少说真话的环境，这比缺乏石油和铁矿石更可怕。当一个社会的道德和诚信被扭曲，普世的文化就失去了原有的价值。有时真话却往往令人讨厌，当真理掌握在少数人手里的时候，令人讨厌的声音就可能道出真相，就如同医生对症下药，良药苦口利于病。

随着社会不断发展，人民生活水准不断提高，急功近利的思潮却泛滥一时。住，我们有楼歪歪；吃，我们得小心被美容的大米、假烟、假酒、假鸡蛋、假牛奶、地沟油、人造脂肪、药水泡大的豆芽、避孕药喂肥的甲鱼、洗衣粉炸出的油条；出门，我们要提防推销的、碰瓷的、"钓鱼"执法的；上医院，我们担心假药、无照行医，被过度治疗。此外还有假票、假证、假中奖、银行诈骗、假老虎、假新闻和假唱。特别是重金属污染，直接危害人的身体健康，中央电视台报道全国有 2000 万公顷被污染的耕地面积，占全国的六分之一。人大代表、政协委员在两会议案上提到食品、药品和农药的安全问题，令人触目惊心。在执法检查时，一些工厂得戴着防毒面具才能进，一些地方苍蝇都不往肉上落，油菜地蜜蜂都不采蜜。最不愿看到的，是一些幼儿园、福利院里残障儿童那种惨烈地活着的场面，让我非常震惊！这是社会的悲哀。现在三代人守着一个单亲链条，我们这一代如果不考虑的话，下一代该怎么办？可现在怀疑和警惕已经成为国人的生活方式。当怀疑一切成为整个人群的集体意识，中国人民与幸福的距离又该有多远？假的我们不信，真的我们也不信，人类的诚信度被扭曲到如此程度，这是值得中国每个公民反思的事情。

是人就该说真话，宁肯站着死，决不跪着生。人人都畏惧、不敢说真话的时候，说真话的人越发令人尊敬。是人就应该活在真实的世界里。努力做人，努力做事，为自己谋生，做有益于人类的事情，为社会创造价值，去帮助更多的弱势群体。鲁迅先生在《华盖集》中说，中国的尊孔、学儒、读经、复古，是为知道"怎样敷衍、偷生、献媚、弄权，然而能够假借大义，窃取美名"。正如社会上流行的一个段子："当一个人眼珠黑的时候，他的心是红的；当一个人眼珠发红的时候，他的心是黑的。"21世纪的中国，物质文明已经超越上两个世纪，但精神文明还部分停留在19世纪，心态还是那么狭隘。妒忌的心态已成为国人的惯性，精神文明太匮乏了，少数人的心态要与世界接轨，这是值得深思的事情。

200多年前的和珅是乾隆皇帝面前的顶级精英，他百般殷勤、拍马奉承，皇上宠信之极。和珅说谎已上升到了一定的艺术高度："乾隆放屁，和珅脸红。"实际上说谎是腐败的一种表现。当时和珅执掌着司法大权，而司法是保障社会正义最重要也是最后的一道防线，说得简单一些，司法关乎人民的财产和生命安全。一旦司法失守，社会公正和正义就会荡然无存。同时司法也是日常社会生活、不同社会角色之间互动的

中间缓冲地带。在不讲真话的基础上，藐视司法是一项非常严重的罪行。乾隆过世后，嘉庆接位，但和珅仍横行不可一世，朝中大臣敢怒不敢言，嘉庆帝最后将和珅赐死了。和珅的死告诉后人，世界上只有一条路叫正路，个人与国家一样，个人有信誉是根基，国家有信誉是法律，如个人与国家都无信誉，那就等于自杀，实际欺骗才是最大的犯罪。说假话、做假事、欺骗历史，最终都要受到惩罚的。

国无法不治，民无法不立。原则是法，"原则高于礼貌"，会国泰民安。礼貌是情，"礼貌大于原则"，无规矩不成方圆，社会就会动荡。由此，一个不说真话的社会，将会演变成一个没有希望的社会。

历史在前进，社会在发展，大家要学会用一种理性、温和、具有建设性的话语方式引导大众，千万不能用耸人听闻的语言吸引人们的眼球，忽悠大众，欺骗大众，煽动大众，毒害大众。真人应该说真话，让真话永远占领舆论阵地。尊重真话，鄙视谎言。

感不尽的父母恩

选择了创业这条路，就注定会有这样那样酸甜苦辣、雨雪风霜的事情发生。利刀难断东流水，天涯难隔故乡情。水是故乡清，月是故乡明。不断发挥生命功能，才是活着的人生。一个人背井离乡去外地奋斗也是为了获得美好的生活。

记得 20 年前我在新疆伊犁，一个大雪纷飞、零下二十几摄氏度的大年三十夜晚，人家开开心心忙过年，我却在一间煤房里度过这一永远难忘的除夕夜，寒风刺骨，饥寒交迫。真是"月子弯弯照九州，几家欢乐几家愁。几家高楼饮美酒，几家飘散在他州"。这时唯有爸妈无时无刻不在关怀着远去的游子，儿行千里母担忧啊。那时，我又何尝不在思念着父母、妻儿和家乡的亲人呢？那种惆怅、那种失落、那种迷茫，一言难尽。我心里在问，成功了又能怎么样？我深深自责，感

到没有尽到照顾父母妻女的责任，我把全部精力献给了工作，我是一个不称职的儿子。不难想象在家乡，年三十夜，阵阵鞭炮声相伴着父母，他们脸色憔悴、默默含泪、沉默寡言。他们含辛茹苦，一点一点地劳动积攒，来供给远在他乡孤立无助的游子。他们省吃俭用，用自己坚硬的脊梁为儿女搭起了人生事业的桥梁。可怜天下父母心。百善孝为先，树欲静而风不止，子欲养而亲不待。妈妈的双手再也不是当年搀着儿子上幼儿园的那双雪白柔软的手，爸爸也不再是那年轻力壮、有着宽厚肩膀能让儿子当战马骑的爸爸。儿女在一天天长大，父母在一天天衰老。我们千万不能忘记父母，更不能嫌弃父母，千万要感谢父母、报答父母。

母亲是孩子的第一个启蒙老师。小时候妈妈常给我讲清朝名臣曾国藩和商人胡雪岩的故事，讲他们的智慧人生、品味取舍、德高如山。在教养、素养、涵养方面，受到了母亲严格的"三养"人格道德培养。好言一句三冬暖，恶语出唇六月寒；淡如秋菊何妨瘦，清到梅花不畏寒；养心莫善于寡欲，养廉莫善于止贪。亲戚来往情谊为重，朋友礼尚往来为轻，择良师而为求教。

我出身贫寒，自小就懂得：不要同人家比，只跟自己比，努力做一个勤劳、诚实、智慧的好人，待人须无比的坦率和真诚，坚持用纯粹应对复杂坎坷的人生道路。勿以小怨忘人大义，勿以小恶弃人大恩。大事难事看担当，逆境顺境看胸襟，是喜是怒看涵养，有舍有得看智慧，是成是败看坚持。让自己累了把心靠岸，错了就不要后悔，苦了才懂得满足，痛了才享受生活，伤了才明白坚强。总有起风的清晨，总有暖和的午后，总有绚烂的黄昏，总有流星的夜晚。曾经拥有的要懂得感恩，已经得到的要更加珍惜，属于自己的不要放弃，已经失去的要留作回忆，想成功就一定要努力。有为有不为，知足知不足，锐气藏于胸，和气浮于面，才气见于事，义气施于人。心小了，所有的小事就大了，心大了，所有的大事都小了。看淡世间沧桑，内心要安然无恙。大其心，容天下之物；虚其心，爱天下之善；平其心，论天下之事；潜其心，观天下之理；定其心，应天下之变。走正确的路，放无心之手，结有道之朋，断无义之友，饮清净之水，戒色花之酒，开方便之门，闭是非之口。这样让自己的本色和个性保持着一种质朴的"原生态"，让父母的教诲长存心中。

由此我想到，我们每一个人的成功都来自亲人的无私奉献，我们生活、工作和事业的原动力首先来自父母的支持。妈

妈御寒的冬衣暖我身,爸爸勉励的话语暖我心。他们无怨无悔、不求回报。这一切只能长存于我永恒的回忆里。男儿有泪不轻弹,为了创业,只有自加压力,不断奋进,为自我的自尊而远行,为了报答父母、实现父母的心愿远行,为自己的事业扬帆起航而远行。

养心与养颜

中国有句古话，叫作"相由心生"；国外有句至理名言，"一个人要对 40 岁以后的相貌负责"。也就是说，人的相貌除了先天的遗传，更重要的是后天的修行和养护。表情与神态是一个人心灵的折射，每一天的神态与表情会影响一个人的容颜。所以养颜必先养心。心美，看什么都顺眼。

养心，首先是不断学习。中国有句名言叫"书中自有黄金屋，书中自有颜如玉"。多看书，看好书，藏书应满三千卷，人品当居第一流。真实的书籍能使我们成为真实的人。因为知识可以让一个人厚重，经历可以让一个人从容，气质可以让一个人更美丽。知识的不断增加，你的单纯的心态和好奇的神态才会引导你的身心接近年轻人的外形和内心。读书是女人最好的美容剂。一个没有书卷气的女人也许"漂亮"，但

决不会"美丽"。经常参与学习和欣赏艺术活动，让高雅的艺术陶冶情操、净化心灵，才能具有非凡的容颜、高贵的修养、丰富的内涵和出众的仪表。举手投足之间自然会产生一种文化，并且富有艺术的气韵。修心才能开智，开智才能开心，开心才能开颜。做一个完美的女人要柔但不要媚，要强但不要悍，心中有爱才会人见人爱，幸福不在得到多而在计较少，喜悦的状态才是最好的人生状态。"智者乐水，仁者乐山"，智者和仁者都离不开一个"乐"字。

养心还要保持良好的心态，要铭恩忘仇做好事。有些总把别人往坏处想的人是绝不会快乐的。当你在嫉妒、诽谤、埋怨、挖苦别人的时候，你的心境绝不是明朗的，由此脸部的肌肉发生了根本的变化形成了狰狞，你的表情也会跟着丑陋起来，而经常的丑陋定会停留在你原本端庄的容颜上。所以受助不能忘，施恩不图报，以律人之心律己，以恕己之心恕人，心怀善意和感激他人，千万不要贬损别人而弄坏了自己的心境，狰狞了自己的面目。此外，不要和喜欢搬弄是非、歪曲事实、颠倒黑白、妒忌诽谤他人的人在一起。否则，不是被小人的谗言坏了心情，就是不知不觉中自己也像了小人。有人说漂亮的女孩都是花瓶，但是花瓶摆在了合适的位置上，它就是艺术品。有着美丽的外表又有着智慧的内在，那才是优秀的女人。多交质量好的朋友，能够提高自身的品质。

养颜必先养心，养心必能养颜。

中医说："气温则血滑，气寒则血凝。"意思是温暖的气是正气，会助我们的血脉畅通，而寒气、邪气会导致我们血脉淤滞。善的性，是正气；恶的性，是邪气。正推邪阻、正顺邪逆，这两种气，同样会给我们的血和身体带来不同的影响。

有的女孩擅长音律，有的精通粉墨，浓妆淡抹总相宜，都能称得上绝妙佳人。

气质

　　文汇出版社社长、作家桂国强的经典名言：“微笑是一种气质，气质得益于修养；修养是一种境界，境界需要磨炼。城市中受约束的是生命，不受约束的是心情——只要心情晴朗，人生就没有雨天。”

　　气质是高级神经活动在人的行为上的一种表现，是在人的生理基础上，通过生活阅历及文化底蕴的积累而成。

　　气质内在蕴含着难以探究的风格。高贵的气质内外结合着善良、智慧和典雅，令人赏心悦目。

　　气质之美来自于内心涵养长久的修炼，成就了心外的表现，心内的体验升华到一定的境界，在后天影响下而形成。

感性与理性

　　人生得意时，无休止地欢乐，目中无人，就易转向反面。物极必反，一味狂欢尽兴是肤浅的人生，换来的往往是痛苦的悔恨，尽兴有度才是达观人生。欢乐与悲哀是伴生的，欢乐有度才会使欢乐常伴。

　　青春仅仅是一个短暂的美梦，当你醒来时，它早已消失无踪。人生最要紧的不是站在什么地方，而是要朝什么方向走。谁不主宰自己，永远都是奴隶。当我们搬开别人脚下的绊脚石时，也许恰恰是在为自己铺好了路。

　　身处顺境时必须格外谨慎，否则容易乐极生悲。人生得意时容易忘形，一忘形就不能自主，于是恶念和恶行就会如影随形了。身处逆境必须格外忍耐，否则容易夭折。人生失意时容易失态，一失态就不知自己的未来，于是消极和绝望

也会乘虚而入。理性做事，做事不能只凭自己的感情，更不能只凭自己的感觉，意气用事必有麻烦，表象总是容易迷惑人心。

理性做事不会反复折腾，理性做事不会出现大的差错，理性做事才不会使自己后悔莫及。切记，凡事都不能太冲动，不能只跟着感觉走，三思而行才能不后悔。

知识的重要性

大志非才不就，大才非学不成。良玉不琢不成其器，君子不学不成其德。

人的知识来自学习。大学毕业并不意味着学习已经结束，而应该是才刚刚开始。因为人的知识的五分之一来自学校的深造，五分之四来自社会生活的漫长修炼。中国人种有天生聪明的大脑，蠢的人较少，但中国人学习认真度及知识层次与西方相比，相差甚远。知识不足的人，对社会是负值的。知识不足，就不懂得科学发展观的重要性，更不懂得政治、金融、外交，在国际经济领域竞争中在军事上、金融上受外国的侵略，大脑一发热就会干蠢事。如我们人均知识水平能赶超美国，我们的总体国民收入会远远超过他们。一个好的社会发展主要是靠渊博的知识、先进的思想和勤奋的努力。一个好

的社会是设法把自力更生的机会广及所有人，让大家自力更生，艰苦奋斗，奋发图强，走向富裕。

"贤者所怀虚若竹，文人之气静如兰。"读书不是万能的，但不读书是万万不能的。读书是一项复杂的脑力劳动，是培养分析能力的最佳途径之一。而缺乏阅读的一个直接后果就是思考能力的下降，胸怀的狭窄。一个阅读量大的民族，不仅仅在知识的储备上高于阅读量低的民族，更重要的是思考能力超越领先。面对复杂纷繁的社会现象，面对激烈的经济竞争，面对日新月异的现代科技，一个知识储备充分同时又善于思考的人，必然要比那些缺少知识又不爱动脑子的人取得更大更快的进步。个体如此，社会又何尝能例外？

中国虽已成为世界经济大国，但我国有多少享誉世界的名牌，有多少自主知识产权的产品，有多少影响人类的伟大发明？创造力不强已成为制约中国产业结构升级，制约中国成为发达国家的重要隐患。造成国人创造力不足的原因很多，但阅读量偏低显然是一个不容回避的因素，创造力不是从天上掉下来的，要靠艰苦的学习和长期的积累，所谓厚积而薄发，没有学习读书的这个"厚积"，哪来的创造力"薄发"呢？如不改变中国人阅读量低的现状，我们有可能在科技上、知识上被淘汰。青年的时光极为有限，如果将时间都浪费在骄傲自满中，那么必然会招致惨痛的失败。这个世界上大多数人都没有天才之智，却依然可以成就一番大事业，往往依靠的是持之以恒的勤奋学习。

少年曾国藩也是一个资质平平的孩子，但他成了清代最显赫的名震天下的政治家、军事家、文学家，位列三公，靠的就是勤学不辍。有一天晚上，小曾国藩在家反复朗诵一篇文章，因为他始终无法将它完整地背诵下来。这时一个飞贼光临了他家，小贼潜伏在他家的屋檐下，本想等曾国藩睡后再下来"海捞一笔"。可苦等半天，曾国藩还在翻来覆去地朗读同一篇文章。梁上的贼人终于忍受不住跳下来，生气地说："就这种水平，读书有什么用？"然后将曾国藩苦背不下来的文章大声背诵了一遍后扬长而去……故事不知真伪，但却很有意味，它勉励天下所有的平凡人，尤其是那些妄自菲薄的青年，即使没有天纵之才，也应该少有壮志，勤学苦读，才能自强不息，不虚度人生。

当代是一个学习创新的时代。学习是站在巨人的肩膀上，登高望远，真可谓"万物流转，日新月异"。谁叫我们赶上了一个改革开放的时代，一个日新月异的时代！学如逆水行舟，

不进则退；心似平原跑马，易放难收。不能与时俱进就会被时代淘汰。我们只有不断学习，奋勇拼搏，追求卓越，才能步步登高。

增加知识，净化大脑

在社会发展言论自由的今天，每个人都应自我静思。每天多读一点书，多增加一点知识，就能净化一下自己的大脑。

现在有些人像得了搜索强迫症，整天爬在网上查看天气、股票、世界杯、贪污的政客、走光的明星、老板的名字，甚至情人喜欢喝的饮料品牌，突然发现自己已成为一个欲望强烈的偷窥者和社会警察。太多的浮躁、急功近利的言论在网上吐纳潮水般的信息，日积累月，沉积了太多的杂质，智商的"像素"就会减低，内存负荷太重，会使大脑缺氧，失去了认知度，将会误了自己的前程。即便好一点，言论水平也难高于常人。当你的同龄人越过了万水千山、艰难的背水一战后，他们高呼着"狭路相逢勇者胜"继续赶路时，

自己却还停留在起跑线上"孜孜不倦"咀嚼，没有了自己的方向和归宿，也没有了承担社会责任的义务。时势造英雄，英雄造时势。自我反思，人人都想做领袖，首先看看自己像不像一个领袖。人像一棵树一样，你的根系不发达，即使给你一个重要的职位，身上担子一重，就坍塌了。改革开放后，党和政府带领人民快步奔向小康，养老有社保，生病有医保，生活乐陶陶。每个人都要给自己正确定位，21世纪靠什么赢得未来呢？靠知识，靠智慧，靠努力。古人言："身有一技之长，不愁隔宿之粮；良田万顷，不如薄技随身。"世界上没有天才，天才也是训练出来的。爱迪生说："天才就是99%的汗水加上1%的灵感，但是1%的灵感往往更重要。"大人物与大企业家的成功也就是从小人物一直不断努力地攀登巅峰而到达一定的高度，而成为了国家的精英。每个人都应用一颗感恩的心去回报社会，多做对社会有益、于人民有利的事情。

上帝关上所有窗的同时，往往会开一扇更大的门。中国的劳务市场那么大，劳工那么紧张，市场工资也不薄，需要的是自己认清形势、坐正位置、居安思危、艰苦奋斗、奋发图强。人一定要把自己摆在弱势的位置上，才能有一个很大的冲刺，不要到碰了南墙的时候来抱怨社会。中国改革开放的第一开路先锋——原江苏省政协常委、张家港市委书记秦振华和中国钢铁界首位富翁、沙钢集团董事长沈文荣在改革历程中为党为人民做出了巨大的贡献。张家港在改革开放中提出了十六字张家港精神——团结拼搏、负重奋进、自加压力、敢于争先，引领了无数人改革创新奔向小康。他们的辉煌成就也是靠奋斗出来的。

人的心态非常重要，唐代文学家韩愈诗曰："云横秦岭家何在？雪拥蓝关马不前。"人在困难时，塞翁失马，焉知非福，独立寒风的滋味不好受，却是心智成长的好时节。自己一定要振奋精神，增加知识，与时俱进，懂得避苦为乐是人生的自然，多苦少乐是人生的必然，吃苦会乐是做人的坦然，化苦为乐是智者的超然。心态决定苦和乐，观念决定成与败。

当自己出丑犯傻的时候，懂得理智的人已超越了自我，为社会做出了一定的贡献。人活要活得实在，面对现实，负重奋进，使自己成长的鲜花盛开在阳光雨露下，让自己的心灵和能量在滋润中茁壮地成长。

人生可以适当游戏，但决不可游戏人生。增加知识，净化大脑，自我反思，与时俱进，瀑布的壮观是在没有退路时形成的，才会那么壮观和灿烂。

"痴汉"等老婆

要学流水自己走，莫学朽木水上漂；男儿不展风云志，空负天生七尺躯。

网上有一30岁男子，问政府：至今还没讨上老婆，没买上房子，没找上工作，为何好老婆、好房子、好工作都被人家"抢"去了？中国男人中绝大多数都有老婆孩子，同样一个天，同样一个地，自己娶不上老婆，难道要政府不管国家大事，空出时间专门来为你一个人做媒吗？

致富先治愚，治愚办教育；奢侈富而不足，节约贫而有余。文明基于道德、自由源于秩序。好马人人都爱骑，好女人人都爱娶。雄鹰不怕大山高，海燕不怕暴风雨。受不得穷，立不得品；受不得委屈，做不成大事。吃得苦中苦，方为"人上人"。国家有责任关心天下人民，小事、大事、天下事，但政府不是万能的。

自己不愿努力，等着政府救助，什么都找政府，泱泱 13 亿人口，国家能解决吗？但男子不是没有理由："每月总有那么三十来天不想上班。"卡耐基曾说过："滥行布施不是美德，把钱发放到懒人手中还不如把钱抛向大海。"

中国的生活水准在世界排名 100 位左右，中国还很穷。古人言："三十而立。"该说什么，不该说什么，该做什么，不该做什么，可怜天下父母官，国家已尽国所能。

儿行千里母担忧，母走千里儿不愁。德厚者流光，德薄者流卑，脚长沾露水，手长生是非，秉公理自直，无私必自畏。能吃能睡，长命百岁。贪吃懒做，添病减岁。天上不会掉馅饼。再改革、二次转制也不会轮到懒汉。中国还有那么多贫困群体，人能尽其才，物可尽其用，为懒惰买单还不如投向教育，请他们悬崖勒马，自己创造财富，方能转危为安，才能民富国强。

慈善企业家陈光标之所以取得今天的成绩，是因为他付出了常人难以想象的努力。年轻人要自己打拼，自己创造人生，给他红包只会害了他。陈光标也是靠自己打拼起家的。

一个人做好事叫光点，一群人做好事叫光速，大家来做

好事叫光芒万丈。是什么让财富得以永恒？唯有思想。跟上时代的发展，别再像"痴汉"等老婆一样。

调整心态，学会感恩

一个国家、一个社会总会有贫富。如果靠勤劳、靠合法经营挣钱，那就应该受到社会的尊重，这是世界通行的游戏规则。企业做到一定程度，那就不仅仅是为了家庭和个人，同时也是为了社会。为解决就业，为社会创造财富，为构建和谐社会、稳定社会做贡献。社会上有些人整天讲爱国，实际上整天想不劳而获。如不违背人类生存的真理就应为国做真心事、说真心话。人的生命很短暂，不要太浪费生命了。爱国不爱国不是光凭喊口号，一张嘴说了算，而要看他为社会做了多大的贡献，承担起了多大的社会责任，这才是真正的爱国。民富才是国富的根本，民富才能国强。

我们不仅要生存，还要有尊严地生活。"尊严"二字是华夏五千年文明自古至今的优良传统。"渴不饮盗泉之水，饥不

餐嗟来之食"是饿汉的尊严;"贫贱不能移,威武不能屈,富贵不能淫"是大丈夫的尊严;"人生自古谁无死,留取丹心照汗青"是正人君子的尊严;"粉身碎骨浑不怕,要留清白在人间"这是人民好干部的尊严;"树活一张皮,人活一口气"是老百姓的尊严。尊严对每个人来说是如此的可贵,人穷志不穷,活着要有骨气。如果把尊严放到全球视野,国人要有尊严,没有民主就没尊严。国家必须强大,正可谓:强大就是标准,强大就是尊严。

一个人来到社会上,不要整天去仇恨别人,这样并不能解脱自己,而是要把自己的时间和精力投入到力所能及的工作中去,虚心学习,赶上时代发展的步伐。世界上最优秀的人也是靠奋斗出来的,因为希望不等于结果,理想不等于现实。世界竞争同样也是这样,胜者主宰了世界的游戏规则,败者就无条件服从别人的游戏规则。理智地面对现实,心态平衡地务实创新,要使自身有价值,首先使自己的大脑先升值,否则在历史的滚滚车轮下将会失去机遇,等来的结果将是毁了自己。敢问路在何方?就在你的脚下。

感恩,是一种歌唱生活的方式,它来自对生活的爱与希望。在水中放进一块小小的明矾,就能沉淀所有的泥沙,如果在我们的心中培植一种感恩的思想，则可以沉淀许多的浮躁。滴水之恩，涌泉相报。鸦懂反哺，羊知跪乳。所有的成功都是要经风雨的，不经风雨怎么见彩虹，苦难育美德，坎坷出智慧，忧患是财富，经历是知识。

有一段关于日本松下的老板松下幸之助的故事。有一次他找三井先生借钱。"你出去，我不想借"，三井先生说完就去吃饭了。吃完饭后站在走廊里欣赏雨景，三井发现雨里站了一个人，就问手下："那个雨里面的人是谁？""就是刚才向你借钱的人。""他以为站在雨里我就借吗？就不借。"然后他就进屋了。过了很久，三井看到松下幸之助还站在雨里面。后来，三井先生让手下把松下叫过来："你以为站在雨里我就会借你钱吗？"松下幸之助说："我不敢这么想，我出去也是没路走，与其死在外面还不如死在您家的院子里，还有点光荣！"结果，三井先生借给了松下幸之助50块钱，那时候50块是很大的一笔钱。后来三井老先生去世后，松下幸之助跪在三井面前，对三井家族讲了这么一句话："从今以后三井家的事就是我们松下的事。"从此他一直照顾三井家族。当日本三井和松下业务有冲突的时候，松下都故意让步，因为松下对员工说，我们松下有今天是三井家族的恩情，绝对不可以忘。

听说日本人统计过，他们让步价值达到 50 亿日元。商场上受过你恩惠的人一定不会见死不救，所以在商场上除非对方要置你于死地，不然就不要赶尽杀绝。懂得感恩父母的人，他才能成为人民的好官。懂得感恩他人，松下幸之助才有今天的辉煌。在商场上即使没有办法增加朋友，也不要树立敌人，记住这句话。这个故事说明了感恩、谦逊与责任的道理。

感恩那风吹雨打的不幸寒冬让我们迎来了阳光明媚和风平浪静，感恩挫折让我们学会了理智、坚强和生存。感恩是人生心灵洁净的超然，是生活美丽的色彩，是真实面对生活的过程，是幸福生活的源泉。让我们感受这美丽的生活和丰富多彩的人生，用一颗感恩的心去看待社会，看待父母，我们将会发现自己是多么的快乐。放开你的胸怀，让霏霏细雨洗刷你心灵的污染。调整心态，学会感恩。

进取

　　人生没有停靠站。人要把取得的每个成就作为自己新的出发点。

　　经营企业只有起点没有终点。林无静树，川无停流。只有冻死的苍蝇，没有累死的蜜蜂。人生如此，企业更是如此。恒久登高，踏实行路，不断肯定自己，又不断否定自己。永远追求卓越、创新是人生和企业发展的永恒主题。不要在你的智慧中夹杂着傲慢，不要使你的谦虚缺乏智慧。只有难行能行，难为能为，才能升华自我的人格。

骄傲

骄傲源于浅薄，狂妄出于无知。讨厌比自己强的人，再没有比这更可耻了。与伟人共鸣使我们高尚，厌恶伟人使我们的人品降格。

蠢人的失败皆因不思考，他们看不到自己的过失，因此更做不到起码的勤奋。有些人把大事看小，将小事看大，总是用错误的天平权衡。许多人从未丧失理智，因为他们原来根本没有理智。

归宿

女人的前 20 年靠美丽的外表生活，后半生都要靠自己的长期修炼。人来到世界上，即使到暮年，也要有志向。莫道桑榆晚，为霞尚满天，仍可以有所作为。

激荡、升腾、沉浮和辉煌，企业总是在一个时代创造奇迹而辉煌，而在另一个时代悄然湮没，走上神坛与飘然而去本是平常，重要的是落幕的时候以何种方式离去。一时站起不算好汉，永不摔倒方显英雄本色。当我们回首往事的时候，心安理得就好。

附文

寓言

萃语

问卷

寓言

老虎的卓越猫是替代不了的

一天，老虎接到动物联合国急电："秘书长要召开世界动物联合国大会。""人类在和谐，动物也要与时俱进。"

于是老虎在它的管辖范围召开了一个动物头目的会议："你们在家要和谐，保卫好自己的家园。"于是便出发了。

心态活跃的猫便放肆起来，它爬上湖中的桥栏，洋洋得意把湖当作镜子打扮起来，发现自己比老虎身躯还要大，同老虎长得也不相上下。"我会爬树，老虎不会爬树"，沾沾自喜的猫于是起了篡位的邪念，压抑很久的心振奋起来，竖起了猫王大旗。小鼠、小鸡、小鸭、小山雀等被猫封为了左右大将，摇头摆尾，一路敲鼓呐喊，吵吵闹闹跑了数日。

猫觉得自己称王之后魅力大增，快乐无比地做起了美梦。这时，突然山中窜来一只凶狠的灰狼，对着猫奸笑着说："我是兽中的佼佼者，我还没封王登位，你倒张扬起来了。我已三天三夜没吃，腹中已空，你们刚巧成为我的一顿美餐。"狼的猛扑嚎叫吓得猫敏捷地爬上了树。小鼠、小鸡、小鸭、小山雀乱成一团，在万分危急之时老虎大吼一声回来了。狼见到老虎拔腿就逃。猫还没等老虎问罪，就愧疚地从树上跳下，无地自容地对着老虎说："我自不量力，你老虎的卓越，我猫是替代不了的。"

　　老虎语重心长地对猫说："我的祖先也是猫，经过了几千年的千锤百炼才成为了老虎，一步登天是不可能的，你的志向是伟大的，但还是耐心慢慢修炼吧！"

狼与老虎

狼和虎都想争霸。虎强大，唯我独尊，靠的是单打独斗。狼自知没有虎强大，所以选择了草原，过群体生活。狼群中最强大的狼都是参加过搏击、负过伤的狼，叫头狼，如同部队中最伟大的战士都是负过伤的战士，后来他们成为戴着勋章的领导。

狼群获取信息和猎杀其他动物的能力都是很强的。狼群在执行任务时，头狼总是走在前面，如头狼牺牲，后狼马上就顶上去。

狼也很有爱心。母狼怀孕后，公狼绝对不会离开母狼，直到小狼生下，能独立生活时，母狼和公狼才离开。狼发现敌情，群狼和周围的狼都会叫起来，聚集在一起，互相支持、互相鼓励、互相照顾。狼就是这样，不仅有爱心，而且有严密的组织性、纪律性和原则性。

狼不得不欣赏虎的霸气，而虎也不得不佩服狼群的组织性、纪律性、原则性，尤其是狼对同类的爱心。

萤火虫与蜗牛

炎炎夏日，热浪滚滚。夜晚漫山遍野低飞的萤火虫在寻找着蜗牛的所在。

时尚的萤火虫给蜗牛家门口装上了光彩夺目的红灯笼，狡黠地说："您的别墅真漂亮，我们世世代代四海为家，到处流浪，而您生下来祖辈就留给您这么大一笔傲人的资产，您太富有啦！如果再加上我们最流行的敲背服务，那您的幸福指数就大大提高了。"老实巴交的蜗牛被萤火虫的嘴棒敲得得意洋洋、昏昏欲睡，头上的两根"天线"快活地左右摇摆。蜗牛心想："外面的阳光真灿烂，我整天早出晚归、辛辛苦苦、傻乎乎地只会干活，还不懂得享受呢。"当蜗牛轻松自在伸长软体的一刻，萤火虫喜出望外，露出了狰狞的面目，伸出了独具的一针给蜗牛注射了致命的毒液。当蜗牛晶亮的肉体中毒化为水的时候，就成为萤火虫的一顿美餐。

萤火虫就是这样靠吃蜗牛肉液水长大的。几千年历史印证，从人类到昆虫都存在着强者不强、弱者不弱的现象。

萃语

智慧人生百味

自古至今，人们都在探索如何做人的问题。做人并不是简单地过自己的生活，而是一门高深的学问。无论什么人都需要遵循一定的做人之道。也许是一种隐藏不见的规律，但正是这种规律规范着社会上的每个人，最简单但也是最重的法则——做人要有所"味"。

——季羡林

1. 做人与处世

人生轨迹：前 20 年为生存而奔波，后 20 年为理想而奋斗，以后的时间是用兴趣、追求来体现人生的价值。

睿智：通向睿智的道路是凯旋之路。第一,想象力之路,这是最创新的道路；第二，模仿之路，这是最简单的道路；第三，经验之路，这是人生最艰苦的道路。

人生必须培养两种习惯：一、看好书让自己多长见识；二、听演讲让自己多增分量。

人生必须走好两条路：一条是思路，一条是出路。

人生必须学好两种艺术：一种是领导艺术，一种是经营艺术。

人必须学会三项本领：一、说话让人开心；二、做事让人感动；三、处事让人放心。

人要做好人，不要做老好人；人要学聪明，不要耍小聪明。

人生必须三大"防"：自高自大，大意轻信，自满贪婪。

修养：一个没有修养的人，就如同一辆轿车的避震性不好，使人饱受颠簸之苦；一个有修养的人，让人赏心悦目，如沐春风。

教养：有教养的孩子不变坏，有教养的少年永不败，有教养的企业员工不衰退。世界上有劣等的种子，没有教养不好的孩子。

羞耻：懂得羞耻的人是有内涵之人，不懂羞耻的人是无

知的人。知耻而后勇。贫穷、困顿并不可耻，懒惰、退缩才可耻。

心宽与心安：廉者常乐无求，贪者常忧不足。屋宽不如心宽，身安不如心安。

平庸：平庸的人缺乏思想，会为别人的一点批评而大发雷霆。只有有思想、有智慧的人才懂得从批评他的人那儿得到学习和进步。

高明：该表现时表现是水平，不该表现时不表现是聪明，懂得何时该表现，何时不该表现的是高明。

低调：低调不是抬高别人，也不是踩低自己，恰恰是和谐做人的本质。俗语道："稻穗成熟了才会弯下腰。"低调做人可以暗蓄力量，让人安全走完充满陷阱的人生之路。

时务：不要与一个傻瓜争辩，否则别人搞不清楚谁是傻瓜。跟志同道合的人做志同道合的事，跟喜欢的人在一起做喜欢的事，这就是最幸福最识时务的人。

品行：卑而不失义，瘁而不失廉。做人应懂得该说什么话，不该说什么话；该做什么事，不该做什么事；什么钱该赚，什么钱不该赚。业绩兴旺发达的根本在于道德与品行，品行好财源会滚滚而来。

人道：少些纷争，多些关爱，往日之非不可留，今日之是不可执，才是和谐快乐之道！

敬畏：信仰和敬畏感是心灵和大脑的"警察"。一个人如没有信仰和敬畏感，找不到自己的定位，站在半路上会迷失方向，并且什么事都敢去做。

改造：只有通过改造人，才能改造社会，只有改造人的灵魂、头脑，才能真正改造人。大多数人想改变这个世界，但却极少数有人想改造自己。

感恩：从善如登，从恶如崩。在人生的道路上，有人提醒你，哪怕是多余的，也一定要感谢他。刚刚踏上社会的人应该感谢前辈为你在这个世界上建立的良好基础，虚心向前辈学习，回报社会，感恩社会！

男人：成大事者，必有大气场；成大业者，必有强人脉。男人可以不成功，但不能不努力。妒忌他人，证明他人的成功；被人妒忌，表明自己成功。预言未来的最好方法是创造未来。

结交：切勿结交使你黯然失色者，而要结交能将你映衬得更加明亮者。当你奔向目标时你应与佼佼者同行，一旦到达目的地，你就应与平凡者为伍。

六气精神：业务要硬气，办事要虎气，待人要和气，做人要大气，满面有朝气，一身是正气。

命运：命运负责洗牌，但是玩牌的是我们自己。打好一手好牌是走运，把一手坏牌打好才是水平。

2. 和谐与社会

和谐：真正的和谐社会不是所有人都能平等生活而是求同存异，不一样的人都能和平相处。共富不等于均富。谈判不是单方胜利，而是双方妥协达成一致。

新"三从四得五面对"：服从国家，服从社会，服从家庭；老婆购物要舍得，老婆出门要等得，老婆发怒要忍得，老婆发嗲要疼得。面对玫瑰，不必浪漫；面对美女，不必多看；面对朋友，粗茶淡饭；面对家庭，出力流汗；面对老婆、朝夕相伴。和谐社会要从和谐家庭开始。

无知与无耻：社会的发展是使大家更积极努力地去创造财富，有些人却只想着如何瓜分财富。因此才有食品安全事故。我们人类犯错误，有些是人们不明白，有些是人们太明白。有些人出于无知，有些人异常无耻。无知与无耻的陋疾"渗透"，一直在中国古今文化中反复无常。

文化的重要性：古训——博学之，审问之，慎思之，明辨之，笃行之。人无文化，就变成文盲；城市无文化，就变成城盲。提升文化的软实力才能提升经济领域的硬实力，所以必须要走文化品牌之路。

诚信危机：现代社会因为缺乏敬畏感和信仰，所以导致了社会的急功近利。低惩罚成本无疑是对造假的激励，相关制度的不合理诱发道德风险，失信的代价太低而诚信的成本太高，导致好人也会做坏事，诚信危机一旦突破民众底线，那就很难重塑信用了。

将相本无种：人都是平等的，每个人都有不同的生活方式，有争取幸福的权利，人人都想当领导，没有谁生下来就是领导。受人尊重并不是天上掉下来的，更不是靠别人施舍的，是要靠自己的努力、智力、能力与实力赢来的。

人治与法治：个人与国家一样，个人有信誉是根基，国家有信誉靠法制，如个人和国家都无信誉，那就等于自杀。一个人治的领导虽然享受着各种特权，同时也存在着很大的隐患。在位时，权力可能超越法律；离位时，同样法律也就无法保护人治的特权了。人治是有限度的，法治才能国泰民安，人治的无限扩张必会导致自掘坟墓。

3. 幸福与自由

幸福与痛苦：有人始终希望别人给他幸福，有人明白必须自己创造幸福。嫉妒别人是痛苦，被人嫉妒是幸福。幸福的人随时都在计算自己有多少幸福，不幸的人随时都在计算自己有多少痛苦。

幸福：再好的生活，一定要建立在和谐的基础上，安全释放在一个祥和、安宁、内心宁静、畅所欲言的和谐环境下的幸福才是真正的幸福。

智慧：月亮单独在群星中会显得明亮，但当太阳升起时含羞的月亮就悄然隐退了。一个人要活得幸福，得使自己既不聪明也不太傻，这种介于聪明和傻之间的状态叫做生存的智慧。

自由与放下：树林里回响的是欢乐的鸟鸣，鸟笼里传出的是凄惨的哀鸣。不要放不下，早晚全放下。

4. 观察与思考

梦想：梦想容易,实现梦想不容易。梦想实现了叫传奇，失败了往往被人称之为"忽悠"。

简单与复杂：解决问题要把复杂问题简单化，作秀才要把简单问题复杂化。简单不是为简单而简单，而是高度的抽象和概括。

偶尔与持久：理无常是，事无常非。偶尔下雨半小时，是一种浪漫；持久下雨半个月，是一种灾难。

束缚：孔雀之所以不能像大雁自由地在天空中飞翔，正是因为拥有太张扬太炫目的美丽形象。

点头与摇头：古时：文字竖排——青山绿水，鸟语花香，对！对！对！边看边点头。现在：文字横排——急功近利，物欲横流，不对！不对！不对！越看越摇头。

轻视：弱者的苦恼在于没有选择，强者的苦恼在于有太多的选择。没有选择的人首先要问问自己，怎样能增加自己的分量，然后才能不被别人所轻视。

经营：当企业向银行借少量款的时候，如无还款能力，就得看银行的脸色；当企业向银行借了大量的借款却无偿还能力时，那银行就要看企业的脸色了。

可恶与可怕：最可恶的是不知道什么是可恶，最可怕的是不知道什么是可怕，往往是以盲目拍脑袋开始，结果是以捶胸顿足来结束。

醉：说自己没有喝醉，其实已经醉了；说自己喝醉了，

其实根本没醉。人生如戏，戏如人生——岂止酒席？

改变：猴子跟着人学会骑车子，猴子还是猴子。猴子会动脑子，离人类还差一阵子。人与动物的根本区别：动物活着是为了吃，人活着是为了活得有价值。

现实：小鸡咯咯跟着你，看你手中有把米，一旦手中撒完米，小鸡马上离开你。

辛苦：做愿意去做的工作不辛苦，做不愿去做的工作很辛苦。创造机会的人是勇者，等待机会的人是愚者。

5. 杂感与心得

作为：其身正，不令而行；其身不正，虽令不从。一个人来到世界上，不在于财有多多，官有多大，心智有多聪慧，而在于是否稳重与深沉。没有作为的领导，像一只破漏的船，每个乘客都想用最快的速度逃离上岸。将帅无能，累死千军。

个人与社会发展：少壮不努力，老大徒伤悲；少壮不玩命，老来命玩你。发展是硬道理，但硬发展要出问题。

诚信：抵押了家产，有一天可把它赎回，但诚信一旦被押当，信用被扭曲，会乱象重生，危机频发。

缺点和争议：每个人都有缺点，包括伟人在内。人如有太多的缺点，那也离人渣不远了。所谓争议，有人反对，有人支持，这就是生活，因为不一样而丰富多彩。帮有道者则智，帮无道者则愚。

创新与风险：创新有时会失败，如果没有创新带来的失败，我们又怎能引领时代潮流来完美自己呢？航海者虽比观望者要冒更大的风险，却更有希望到达彼岸。

赞赏：虚拟的赞赏往往是荣耀的迷雾，令人忘乎所以、头晕目眩，在高位时就会招致巨大的风险。人总是喜欢欺骗自己，因为那比欺骗别人更容易。

压力：压力产生动力，动力挖掘潜力，潜力会变成实力。

沉稳：沉稳的人说话让别人先说，浮躁的人说话总是抢在别人的前面。做重大决策的时候一定要慎重考虑，三思而后行，稳定情绪后再下结论，沉稳低调才能海纳百川。

问卷

普鲁斯特问卷

这个著名的问卷是法国沙龙中的流行游戏，经《追忆似水年华》的作者普鲁斯特回答后，名声大噪。问卷由一系列看似简单的问题组成，包括被提问者的生活、思想、价值观及人生经验，却往往能反映出内心最真实的思想。

此问卷题由《奔驰杂志》访问，《心语人生》作者回答。

1. 你认为最完美的快乐是什么？

世界上没有绝对的快乐，也没有完美的快乐。快乐是相对痛苦而言的，快乐是一种心境，快乐是一种心态。不同的人在不同的时期有着不同的快乐标准。不懂得让别人快乐的人，自己也同样得不到快乐。自己快乐也要让别人更快乐，才是快乐的最高境界。

2. 你最希望拥有哪种才华？

静能生慧，骄傲源于浅薄，狂妄出于无知。要说经久不衰的话，做经久不衰的事，树经久不衰的品。对失意人莫谈得意事，处得意时莫忘失意时，人要有过人的智慧，更要有过人的品德。

3. 你最恐惧的是什么？

没有平和的心态，怎能有和平的世界？世界上如果没有和平和光明是最恐惧的。

4. 你目前的心境怎样？

相由心生，心平气和，懂得感恩，高调做事，低调做人。

5. 还在世的人中你最敬佩的是谁？

汶川地震中的伞兵，他们写下了血的遗书，义无反顾从5000米高空跳下，如果不是穿着这身军装，背着那个伞包，他们还只是一个被父母疼爱着的孩子。

6. 你认为自己最伟大的成就是什么?

成功并没有秘诀,"苦难是金",人要有所得,必定会有所失。只有学会放弃,才有可能登上人生的极致高峰。

7. 你认为做企业领导很快乐吗?

人无远虑,必有近忧。国企倒闭,领导可换岗;民企倒闭,叫彻底埋葬。祝贺短信让人快乐每一天,经营企业让人快乐地度过困难和矛盾的一生。居安思危的企业领导是没有快乐的。

8. 你最喜欢的旅行是哪一次?

世界上很难再找到一处像夏威夷似的仙境胜地,但祖国的三亚更使我倾心,如此吸引人的魅力,时时萦绕心头。我眼前时常清晰地浮现夕阳下金光闪耀的海面、鲜花漫布的山崖、水花飞溅的瀑布、随风摇摆昏昏欲睡的棕榈、云雾中若隐若现的山峰。我依然感觉得到海风的温柔和林间的寂静,听得到小溪的欢唱和晚霞的流动。

海南的南山,一个世人皆知的地方,永远是一个美好的向往或一份难忘的珍藏。大自然慷慨的恩赐和先祖们灿烂的积淀,使我在归来的旅途中如梦似醒地想起了一系列美丽的憧憬,令人心旷神怡。大海波浪之轻柔、高山雄峰之挺拔、东升旭日之灿烂、落日晚霞之娇艳，南山浪漫的生活，令人难以忘怀那美妙的感受和精彩的景象。

所有的一切都将成为我终生的珍藏留在心底。总有一天我还会再去海南南山，去弥补时光对记忆的销蚀，去寻找更加丰富的美丽景致，而这一天，但愿不会太遥远……

9. 你最痛恨别人的什么特点？

突出个人，推崇自己，打击报复，唯我独尊，搞迷信之风来忽悠百姓。君子严格要求自己，小人严格要求别人；君子似蜂为其巢采蜜，小人似蛇为其胆采毒；君子寻求高雅，小人寻求低俗；君子在万物中寻求一种境界，小人在万千优点中开出一份缺点的负债表。几千年来，人类最痛恨的就是卑鄙的小人。

10. 你最珍惜的财产是什么？

人格和道德。国人往往给孩子留钱，还不如给孩子留德。德比钱更重要。价值的回归就是做慈善事业，回报社会。

11. 你最奢侈的是什么？

改革开放前最奢侈的是饱餐一顿，改革开放后是人能勤

劳致富，坐上奔驰。

12. 你认为程度最浅的痛苦是什么?

经济代替道德必然会受到惩罚，遵循游戏规则。

13. 你认为哪种美德是被过高评估的?

精神境界万岁是道德的最高境界。封建社会称皇帝为"万岁"是被过高评估的。

14. 你最喜欢的职业是什么?

人生就像一个大舞台，去寻找自己合适的位置。用自己有限的生命为社会创造无限的价值。

15. 你对自己的外表哪一点不满意?

儿不嫌母丑。只要是父母赐予的，就没有理由不满意;只要是中国人，就没有理由不爱中国。

16. 你最后悔的事情是什么?

不要问自己做过了什么而后悔，应该是来到社会而没有做过什么才是最后悔。

17. 还在世的人中你最鄙视的是谁？

社会主义市场经济讲求效率与公平，就是让他们的收入与他们为社会做出的贡献相对应。人们不愿看到只有勤劳的人在奋勇拼搏，创造社会财富。而另一部分人却无所事事，心安理得地消耗社会财富，更不愿看到有劳动能力又有就业条件的人躺在社会保障上而放弃在竞争中生存。

这种被动的行为，这种道德的愚行，这种意志的脆弱，这种姑息的作风，只会让更多的人失去尊严。丧失自己的生存条件，这种人一定会受到人们的鄙视。

18. 你最喜欢男性身上的什么品质？

话语儒雅，字字精工。水深流去慢，贵人语话迟。做人有度，处事有节。稻穗成熟才能弯下腰来，沉稳低调才能海纳百川。一个男人必须给人以安全感，一个男人必须要有社会责任，一个男人必须要有智商、情商和豁达大度的气魄。

19. 你使用得最多的单词或者词语是什么？

今天不辛苦，明天就会命苦。静坐常思自身过，闲谈莫论他人非。愿意做的工作叫不辛苦，不愿做的工作叫很辛苦。管理＋激励＝赢利。多用大拇指，少用食指。说自己想说的话，

做自己想做的事，走自己想走的路。

20. 你最喜欢女性身上的什么品质？

知识让一个女人厚重，阅历让一个女人从容，气质让一个女人更妩媚，外柔内刚。

21. 你最伤痛的是什么？

选择了创业这条路，就注定会有甜酸苦辣、雨雪风霜。背井离乡去外地奋斗也是为获得美好的生活。百善孝为先，子欲养而亲不待，忠孝不能两全是人生最伤痛的事。

22. 你最看重朋友的什么特点？

诚信、正直、不卑不亢、有上进心。既有外在实力，又有内在实力，既有号召力，又有影响力，更要有个人人格魅力和震撼力。

23. 你一生中最爱的人或东西是什么？

最爱的人是父母、老婆和孩子，最喜欢的东西是名人专著。

24. 你希望以什么样的方式死去?

在工作中寻求快乐,在快乐中得到成就,在成就的境界中工作到最后一分钟。充实地死去比平平庸庸死得更有价值。

25. 何时何地让你感觉到最快乐?

一个人活着要对社会有价值,必须虚心向有智慧、有修养、有诚信的人学习,从中提升自己,让自己的综合素质加以升华,这是人生最快乐的事情。

26. 如果让你做一件改变你家庭的事,那会是什么?

家庭是社会的细胞,和谐社会要从和谐家庭开始,和谐家庭要从和谐个人道德品质开始。通过家庭每个人内在的素质提供外在的形象,让精神气质更加强大。中华民族大团结,像仰望星空一样坚持自己的信仰,每个人都无比珍视自己内心的忠贞高贵,终将支撑起整个中华民族在世界民族之林屹立而备受世人尊崇的地位。一切从个人开始,一切从家庭开始,一切从整个中华民族开始,让世界民族像仰望宇宙一样仰望大中华民族,中华民族才能立于不败之地。

27. 如果你能选择的话，你希望让什么重现？

天，永远是那么的蓝；山，永远是那么的青；水，永远是那么的绿；人，心态永远是那么年轻。

28. 你的座右铭是什么？

学习比尔·盖茨能为慈善事业做贡献，做有益于社会、有益于人民的事情。

跋一

一本大开眼界大有收益的书

据专家推论，在我们生活的地球上，一个人和另一个人相识的概率是五十亿分之一。我与朱君其先生有缘相识，归结于我的先祖——春秋时代的兵圣孙武。先祖当年由齐避乱奔吴，隐居潜心著述。后以兵法十三篇晋见吴王阖闾，经"吴宫教战"，拜为将军。西破强楚，南服越人，北威齐晋，显名诸侯，建立了不朽功勋。

今日的苏州，大张旗鼓弘扬孙子文化，做出了卓有成效的贡献，并成立了苏州市孙武子研究会，汇聚天下精英。朱君其先生便是该会的常务理事。2007 年，我作为孙武后裔应邀参加苏州第三届孙子兵法国际研讨会，有幸认识了朱先生。

和朱先生的进一步交往，又归结于苏州大学虞先泽教授，去年苏州孙子文化旅游节闭幕之后，他热心地陪同我前往张家港拜访了朱先生。两个半天的短暂接触，给我留下了深刻的印象——朱先生不仅是一位成功的企业家，而且是一位睿智的思想者。

如今他的新著《心语人生》即将出版，邀我写序。拜读该书后，令我大开眼界且大有收益。该书是他对人生、道德、智慧与财富的感悟，字里行间流露出他的殷殷情怀和拳拳之心，富有强烈的责任感和使命感，让我联想起明朝东林党领袖顾宪成的一副对联："风声雨声读书声声声入耳，家事国事天下事事事关心。"朱先生那种"先天下之忧而忧，后天下之乐而乐"的忧患意识和高尚情操，实在令人感动。

我读大学时，老师讲过一句话，至今铭记在心。老师说："我们将来在社会上修造的每一栋公众建筑物，都是我们自身的一座纪念碑。纪念碑树起来了，功过自有世人评说。"朱先生创办金富房产开发公司，坚持走精品之路，其开发的楼盘荣获"江苏省优秀住宅示范小区"称号，在经济领域为自身树起了一座光彩的纪念碑。难能可贵的是，他还著书立说，《心语集》等著作中的真知灼见，受到社会各界的高度评价。而这又是他在文化领域为自身树立的一座精彩的纪念碑。

"松敢凌霜因骨硬，梅能傲雪在心清。苦辣酸甜皆自品，是非功过任人评。"这是朱君其先生在本书中写的一段话，我想这也是他人生观的写照。有了这样一种精神，他的人生就是丰盛的人生。

是为序。

孙重贵

（作者系兵圣孙武第七十九代孙、国际《孙子兵法》
应用协会首席会长、作家）

2011 年 3 月 8 日于香港

跋二

一部不可多得的关于现代人生的《论语》

——读朱君其《心语人生》有感

新近，朱君其先生继关于纵横论述人生的第一部著作《心语集》（香港名人出版社，2008 年 11 月）之后，第二部力作《心语人生》又已脱稿，在给上海文汇出版社出版前邀我为这部著作的书稿作一次文字校订，并为之撰跋。对一部书稿既要校订又要作跋，当时我实属不敢担当，真是勉为其难。然而，在浏览一遍书稿时常被许多精彩的"心语"深深地吸引，接着仔细地看了一遍，得到了诸多启迪人生心智的享受，在校订过程中更为他书稿中许多悟透人生、鞭辟入里的论断而震撼、感动。其间他与我就他对人生多方面的感悟和书稿从内容到文字如何精益求精作了多次长时间的深谈和探讨。因而，在校订结束之际，我终于不知不觉欣然应诺为他的新书撰跋。在作跋时觉得跋的题目倘若只惯用一个跋字远远不能尽心达意，再经斟酌就出现了以上赋予三个层次的文字表述。我想这样持之有故的言明似乎有些必要，也在情理之中吧。

人生是整个人类一个重大的主题，也是永恒的主题。如何直面人生、认识人生、创造精彩人生和度过人生，这是一个不管什么国家、什么时代和什么样的人，不管自觉还是不自觉都无法回避而必须作出回答并且实践的问题。朱君其是一位成功的企业家，以其半个世纪的阅历及其对人生的悟性，几经升华铸成大作《心语人生》，从书中可见他对以上这个人生的重大主题作出了精湛的思考和回答。

一、我认为《心语人生》是"一部不可多得的关于现代人生的《论语》"。其理由如下：

1. 作者正视现代尤其当今国际形势发生了深刻变化和国内改革开放逐渐深入的客观形势，以"人生"这一独特的视角，作品就"国家与社会发展"、"企业发展与管理"、"处世与为人"、"道德与修养"四个大题（作品分为四辑）作了纵横论述，作品没有回避现代尤其当今国家发展和社会前进、企业发展和经营管理、人生处世的态度和为人的准则、道德规范和修身养性等人们密切关注的热点，更可贵的是作者往往从中直接攫取这些现代人生热点中的重点和难点，阐述自己悟透人生后的观点，给人们释疑解惑。因而，我们说《心语人生》是一部关于"现代人生"的作品有其内在的逻辑联系。

2.之所以说《心语人生》是一部论述关于现代人生的《论语》，这是因为：《论语》是春秋末期孔子与弟子论述当时为政、教育、为学、行事、修养、道德和生死等方面问题的语录，也是一种"心语"结集。而《心语人生》以现代人生的诸多要害问题为论述的课题，以自身的实践经验且通过自己大彻大悟后，从心底里自然迸发且流淌出来的肺腑之"语"，真话能实说，既击中要害，又切中时弊。《墨经》说"辟（比喻）异类不比"，但这也表明了同类是可比的。《心语人生》与《论语》是阐述人生的同类。所以，我们才说朱君其论述人生的"心语"也是一部阐述人生的《论语》。

3.当今论述现代人生的书籍，从数量和内容看，可以说汗牛充栋，林林总总；从作品内容及作者视角来说大多拘泥于"三观"（世界观、人生观、价值观）；从写法来看大多以观点加举例，泛泛而谈，不乏其人。而《心语人生》直面人生中的热点，如中国的发展要靠自主创新、如何诠释和实现社会和谐、潜规则给社会带来什么危害、做人处世的原则等，难点如企业家如何感恩和回报社会、企业及其员工、感不尽的父母恩、自己快乐如何帮助别人快乐等，甚至是敏感的焦点，如何剖析腐败的根源和清除腐败的滋生条件等。作品以随笔、散记、短评等文体形式予以表达，且锤炼成许多警句和格言，常常如珠玑连串，跃然于字里行间，有的还采用了寓言、集萃、问卷等形式；顶真、排比、比喻和对偶等多种修辞手法信手拈来，应用自如。这些在当今关于"现代人生"论述的同类书籍中实属鲜见。所以，又说《心语人生》的内容如此精心谋篇、写作且如此富于艺术性是"不可多得的"。

二、《心语人生》就作品内容和写作艺术来看，颇具许多具体、鲜明的基本特点。

《心语集》是朱君其的处女作，《心语人生》是他论述人生的第二部作品。可见作者对现代人生诸多问题的思考、探索和认识的升华已绝非是初步。我们进一步揣摩《心语人生》后又可有新的发现，《心语人生》就作品的内容和写作艺术相融来看，以一言蔽之：它颇具以下几个鲜明的特点（这里暂且只提出问题并不展开阐述）。

1.《心语人生》是作者自己对世界观、人生观和价值观及人生实践经验作思考且升华而展示的一个精神产品。

2.《心语人生》是作者对国家、社会、企业和他人感恩与回报的一件宝贵礼物。

3.《心语人生》是作者引导人们尤其是成功企业家们思考和实践如何做到"爱财有道、取财有道、用财有道"、如何处世为人和做事而度过美好人生的一本参考书。

4.《心语人生》是作者构思讲究巧妙、语言与写作讲究艺术、逻辑讲究严密的一卷艺术作品。

三、《心语人生》的作者之所以能写出如此好作品的主要缘由。

《心语人生》作品真是文如其人。其人是写出好作品的必要条件，也是充分条件。君其其人，就其阅历而言，已过而立、不惑和知天命，就人生的旅途而言，他提前进入了随心所欲的人生境界，《心语人生》就是一个有力的佐证。尤其最可贵的是他在30多年的企业和生意场上"跌打滚爬，尽职尽责"。

他曾在大西北新疆搞服装设计，后回家乡给公安局扶贫，担任村经济合作社社长，在家乡筚路蓝缕开发房产，使自己的精品房产成为同行中的佼佼者；他履行自己提出的"做事要高调、做人要低调"的誓言，注重感恩和回报社会、企业及其员工，多次捐资为家乡修桥铺路和助学，提高老人福利，为抗震救灾出资等。他无愧于多次被评为房地产先进个人和中国房地产最具价值经理人。作为企业家，他既能成功立业，又能立德，这已经不容易了。他不仅能成功立业、立德，还呕心沥血立言，即著书立说，在同行中可谓凤毛麟角了。这些都很值得称道，令人钦羡。

"问渠哪得清如许，为有源头活水来。"其作品的"源头活水"，首先是他自身立志和实践创造精彩人生而能殚精竭虑。虽然他没有在正规高校学习而取得学历的经历，但他通过自身的刻苦努力和不懈奋斗，已经具备了构思与写作的能力和技巧。尤其是他具有那种对自己创造精彩人生执著的追求。这些都是他能够为我们提供一部又一部论述人生好作品的先决条件。

其次，还不可忽视外界来自党对他的培养、社会改革带给他的机遇和家庭的熏陶与影响。内在取之不竭的潜力和动力，以及外在良好的氛围，逐步形成了作者既能"立业"、"立德"，又能"立言"的必然性了。

秦豪

（作者系国务院特殊津贴享受专家、教授、逻辑语言学家、中国
逻辑学会会员、江苏省逻辑学会原副会长）

2011 年 1 月 10 日于补拙斋

图书在版编目（CIP）数据

心语人生/朱君其著. —上海：文汇出版社，2013.9
ISBN 978-7-5496-0999-4

Ⅰ.①心… Ⅱ.①朱… Ⅲ.①人生哲学－通俗读物
Ⅳ.①B821-49

中国版本图书馆CIP数据核字（2013）第226307号

心语人生

著　　者 / 朱君其
责任编辑 / 李　蓓
特约编辑 / 张　琦
装帧设计 / 周　丹

出版发行 / **文匯**出版社
　　　　　上海市威海路755号
　　　　　（邮政编码200041）
印刷装订 / 苏州华美教育印刷有限公司
版　　次 / 2013年9月第1版
印　　次 / 2013年9月第1次印刷
开　　本 / 889×1194　1/24
印　　张 / 13
字　　数 / 150千

ISBN 978-7-5496-0999-4
定　　价 / 89.00元